安全衛生責任者の
実務必携

中央労働災害防止協会

序

　建設業における安全衛生責任者に対する安全衛生教育については、平成12年3月28日付け労働省労働基準局長通達（基発第179号）により推進されていますが、本書は通達に基づく教育を実施する際の教材として作成したものです。

　安全衛生責任者制度は、労働安全衛生法第16条により、建設業等に対して設けられています。「安全衛生責任者」は、建設現場において、1名のみ選任されるものであり、位置付けとしては、安全衛生面における全体監理（管理）者と考えるべきであり、法的責任も非常に重くなっています。

　また、安全衛生面の指揮命令、連絡調整の授受をする相手方は自社のみならず、元方事業者、他の請負業者、自社発注業者と多岐にわたるのも特徴です。

　簡単にいえば、安全衛生責任者とは「どこの現場でも共通的に実施すべき安全衛生に関する①法令に規定された事項、②事業者から委任された事項（通達準拠）を自らの責任により実施する人間」といえます。

　一方、職長については新任時等の教育（12の教育事項）義務が労働安全衛生法第60条で規定されていますが、現場で職長が行う業務は安全衛生業務のみではなく、事業者からの権限委任も各社によって千差万別です。

　同一人が安全衛生責任者と職長を兼ねる場合であっても、労働安全衛生法の根拠条文が違うことでもわかるように、本来の性格が全く違うものです。

　安易に混同したまま、現場での業務を行うと、安全衛生管理体制上、重大な欠陥ともなりうるので、本書の作成に当たっては、安全衛生責任者の行うべき業務を明確に記載するよう心掛けました。

　今回の改訂に当たっては、平成29年第4版発行以降の情勢等に応じた見直しを行いました。教育修了後においても、本書を手元に置いて、応用面も含めて活用していただければ幸いです。

　令和4年7月

　　　　　　　　　　　　　　　　　　　　　　　　　中央労働災害防止協会

職長・安全衛生責任者教育カリキュラム

平成12年3月28日基発第179号通達
改正　平成13年3月26日基発第178号通達
改正　平成18年5月12日基発第0512004号通達

教　科　目	時　　間
作業方法の決定及び労働者の配置に関すること 　　　作業手順の定め方 　　　労働者の適正な配置の方法	2時間
労働者に対する指導又は監督の方法に関すること 　　　指導及び教育の方法 　　　作業中における監督及び指示の方法	2.5時間
危険性又は有害性等の調査及びその結果に基づき講ずる措置に関すること 　　　危険性又は有害性等の調査の方法 　　　危険性又は有害性等の調査の結果に基づき講ずる措置 　　　設備、作業等の具体的な改善の方法	4時間
異常時等における措置に関すること 　　　異常時における措置 　　　災害発生時における措置	1.5時間
その他現場監督者として行うべき労働災害防止活動に関すること 　　　作業に係る設備及び作業場所の保守管理の方法 　　　労働災害防止についての関心の保持及び労働者の創意工夫を引き出す方法	2時間
安全衛生責任者の職務等 　　　安全衛生責任者の役割 　　　安全衛生責任者の心構え 　　　労働安全衛生関係法令等の関係条項	1時間
統括安全衛生管理の進め方 　　　安全施工サイクル 　　　安全工程打合せの進め方	1時間

(注) 1.　必要に応じて演習を行うこと。

　　 2.　示された時間は最低時間を示すものである。

　　 3.　上記「職長・安全衛生責任者教育カリキュラム」は労働安全衛生規則（昭和47年労働省令第32号）第40条に規定する職長等の教育に建設業における安全衛生責任者教育の科目を加えたものであり、既に修了した教育カリキュラムにおいて修めていなかった科目について受講すれば足りるものとされている。

目次

安全衛生責任者の職務等　　　7

1 労働安全衛生関係法令等の関係条項 ………………………… 9
　1-1　建設業における労働災害の実態 ……………………… 9
　1-2　混在作業における問題点と安全衛生責任者 ……… 11
　1-3　元方事業者および関係請負事業者の安全衛生管理 …… 14
　1-4　統括安全衛生責任者 …………………………………… 20
　1-5　元方安全衛生管理者 …………………………………… 21
　1-6　店社安全衛生管理者 …………………………………… 22
　1-7　中規模現場における統括安全衛生管理 …………… 24

2 安全衛生責任者の役割と心構え ………………………… 26
　2-1　職長と安全衛生責任者の比較 ……………………… 26
　2-2　安全衛生責任者の役割 ………………………………… 26
　2-3　関係請負事業者が自ら注文者となった場合の安全衛生管理 …… 30
　2-4　安全衛生責任者の心構え ……………………………… 33

統括安全衛生管理の進め方　　　35

3 安全衛生計画 …………………………………………………… 37
　3-1　建設業における安全衛生計画 ……………………… 37
　3-2　関係請負事業者の現場安全衛生計画の要点 ……… 40

4 安全施工サイクル …………………………………………… 58
　4-1　安全施工サイクル ……………………………………… 58
　4-2　危険予知活動（KY活動） …………………………… 69
　4-3　新規入場者教育 ………………………………………… 71

5 安全工程打合せの進め方 ………………………………… 73
　5-1　毎日の安全工程打合せ会 ……………………………… 73
　5-2　安全衛生協議会（災害防止協議会） ………………… 77

5-3 安全先取り活動 ·· 79

資　料　81

6-1 関係通達 ··· 83

6-2 安全衛生責任者会会則の例 ·· 84

6-3 関係請負事業者が自ら注文者となった場合の、特定機械を使用し特定
作業をするときの安全措置 ·· 87

6-4 安全衛生計画を作成する場合の実施項目の定め方の例 ············· 90

6-5 危険予知訓練モデルシート ·· 100

6-6 交通労働災害防止のためのガイドライン ·································· 102

6-7 インターネットによる情報取得 ··· 104

6-8 事例研究 ··· 105

（注）

・本テキストでは、これまでの「安全帯」という呼び名を「墜落制止用器具」で名称を統一して
表記しています。

> 平成31年施行の法令改正でフルハーネス型墜落制止用器具の使用が義務化され、安全帯
> の名称は「墜落制止用器具」となりました。ただし、現場で、従来からの呼称である「安全
> 帯」、「胴ベルト」、「ハーネス型安全帯」等の名称を使うことは差し支えないとされています。

・イラストはイメージです。分かりやすいように床端部手すり等や安全衛生保護具等の安全設備
等は省略しているものがあります。

・政令および省令については、次のように略して表記しています。

安衛法：労働安全衛生法

安衛令：労働安全衛生法施行令

安衛則：労働安全衛生規則

クレーン則：クレーン等安全規則

ゴンドラ則：ゴンドラ安全規則

安全衛生責任者の職務等

◇本項では◇

　建設業の労働災害の特徴や実態、建設現場における混在作業の安全管理上の問題点を把握し、労働災害を防止するための管理体制、その中で安全衛生責任者が担う役割と心構え等を、関係法令を軸に解説する。

1　労働安全衛生関係法令等の関係条項

1-1　建設業における労働災害の実態

　建設業では、現地において、あらゆる材料、設備、機械等が投入され、これを扱う多くの職種の作業者が混在して作業を行い、しかも作業内容が時々刻々と変化する。

　このような建設現場における労働災害を防止するため、工事を直接施工する関係請負事業者は、安全衛生責任者を選任し、その者が法令、通達に基づく安全衛生管理活動を行う必要がある。

　建設業における労働災害の実態は、次のとおりである。

1　墜落、転落災害の多発

　建設業における死亡災害をその事故の型別に見ると、墜落、転落災害が非常に多い。これは高所作業が多いにもかかわらず、作業床の確保、手すりの設置、セーフティーネットの設置、立入禁止措置、墜落制止用器具の使用、作業者への安全教育等基本的な墜落、転落災害防止対策が十分になされていないことも見うけられるためである。

2　車両系建設機械（含むクレーン）災害の多発

　建設業においては、工事の効率化のためあらゆる現場で機械化が進み、また使用する機械の複合化、高速化が進んでいる。

　このような機械化による合理化は、建設工事における過酷な労働、危険な作業を排除することにもなるが、一方では、建設機械等に対する知識不足、運転上の技能未熟、合図・方法の欠陥、点検保守の不備等に起因する災害を生じさせることにもなる。

　また、クレーンや車両系建設機械を使用する工事においては、関連する作業に混在作業が多く、接触防止のための周辺への立入禁止措置および誘導者の配置が適切でなかったことによる災害も見られる。

3　崩壊、倒壊災害が後を絶たない

　土砂崩壊、構造物の倒壊により、一時に多数の死傷者を伴う大規模な災害が発生している。

① 雨が強くなったにもかかわらず、作業を継続して、法面が崩壊、あるいは、上下水道管の埋設工事で、土止め支保工を設けないことによる土砂崩壊による災害

② コンクリート打設時の型枠支保工の根がらみ、水平継ぎ材不足による支柱の倒壊、あるいは、強度不足による簡易足場の倒壊

重大な災害に至るという認識が薄く、作業者任せの面が多いこともこれらの災害が発生する要因であるとみられる。

4 職業性疾病

建設工事では、施工の省力化と品質の多様化から、それに応じた新材料、新工法の採用が急速に進み、じん肺、振動障害、有機溶剤中毒、一酸化炭素中毒、腰痛症および熱中症等も発生しているほか、石綿、溶接ヒューム等化学物質による健康障害なども発生している。

また毎年、硫化水素中毒や酸素欠乏症による死亡災害も発生している。

5 安全衛生管理活動が十分であったら防げた災害

安全衛生管理活動が十分であったら防げた災害、例えば、電動丸のこ、電動カッター、電動グラインダー、電動ピックハンマー等の電動工具による災害が発生している。

電動工具はハンドリングの良さと、作業効率の向上が得られることから、多くの作業で使用されている。しかしながら、手軽に作業ができるために、取扱い上の技能不足、防護カバーの不備、保護具の未着用等を原因とする災害が起こっている。日常の安全衛生活動の中に、これらへの対策を十分に取り入れることが必要である。

6 高年齢化および健康づくり

建設業における就業者数に占める55歳以上の就業者の割合は、約35％を占めており、全産業においては30％前後であるのと比べ高い率となっている。高年齢労働者の労働災害を防止することは、重要な課題となっている。

また、職場全員を対象とした健康づくりへの取組みも必要である。

7 交通労働災害の多発

現場への資材搬出入に伴うトラックあるいは作業者の現場への送迎時のマイクロバス、自家用車による交通労働災害が多発している。これらの交通労働災害防止のため

には、運転者に単に交通法規の遵守を求めるだけでなく、一般の労働災害防止対策と同様に、総合的かつ組織的に取り組むことが必要である（**6-6参照**）。

8 安全衛生責任者の職責不履行

　建設現場で、被災した作業者の所属先を見ると、関係請負事業者※に所属する作業者が多いが、これは安全衛生責任者の職務遂行の不十分さとも関連がある。

　今後の建設工事においては、工事条件の難度や高度の技術が要求されるものが多くなるが、現場における人の管理、安全作業の計画と実施、内外の関係者に対する連絡・調整等の安全衛生責任者機能が円滑に果たされてこそ、ゼロ災職場がつくられる。
※法令では、関係請負人という（以下同じ）。

1-2 混在作業における問題点と安全衛生責任者

建設現場における、混在作業の安全衛生管理上の問題点としては、

① 　指揮命令系統および作業内容が異なる作業者が、入り交じって存在することから、縦・横・斜の連絡や調整が徹底しない

② 　作業者の所属する事業者ごとに、安全衛生関係の規程あるいは安全衛生教育、技能向上教育の実施回数に差があり、結果的に安全衛生に対する意識に差がある

③ 　作業設備や機器類などは、各職種が共同で使用するため、維持管理面に問題が生ずる

④ 　あらかじめ計画を立てても、天候、工事進捗状況あるいは他職種との関連で、作業内容の変更が頻繁に行われる

⑤ 　重層請負関係にあるために、管理監督者、作業者とも自社の作業効率化を優先し、他社の作業者に対する安全衛生配慮が低下する

等があげられる。

　これらの問題点から生ずる労働災害を防止するため、建設業においては、建設業固有の安全衛生管理体制と、全産業に共通的に必要とされる安全衛生管理体制の二つを必要としている（**図1-1**）。

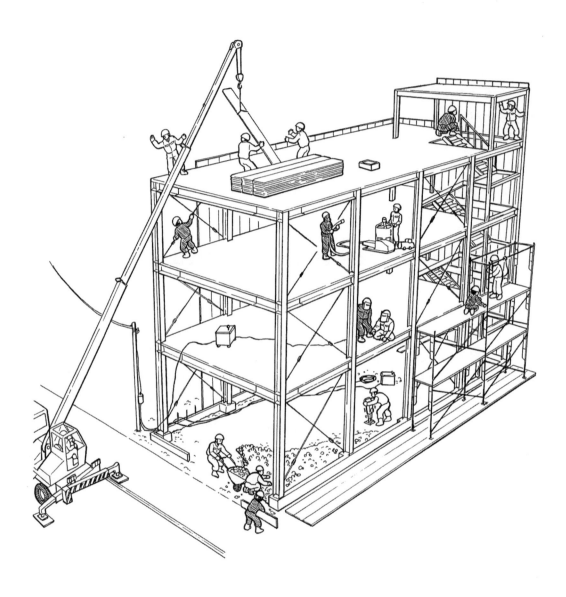

　法令上、元方事業者は規模に関わらず、現場全体の統括安全衛生管理を行う義務を負っている。

　しかしながら、統括責任が元方事業者に規定されているからといって、個々の事業者に課せられた責任から逃れられるものではない。安衛法における安全衛生管理の主たる責務を負う者は、あくまでも作業者を直接雇用している個々の事業者である。

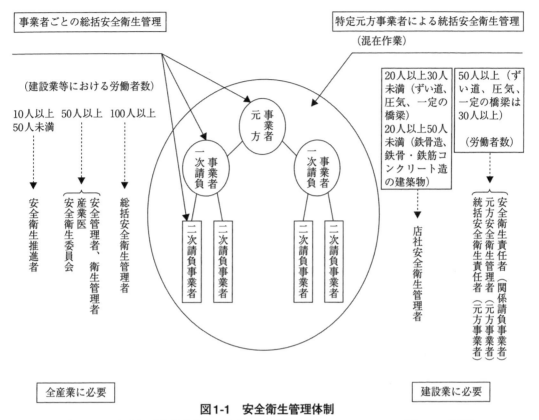

図1-1　安全衛生管理体制
（安全衛生協議会（災害防止協議会）の設置・運営については、1-3(6)、5-2参照）

安全衛生責任者の選任は下記のように法令に定められている。

①　統括安全衛生責任者を選任すべき事業者以外の請負人で、当該仕事を自ら行うものは、安全衛生責任者を選任し、その者に統括安全衛生責任者との連絡その他の厚生労働省令で定める事項を行わせなければならない。（安衛法第16条第1項）

②　安全衛生責任者を選任した請負人は、統括安全衛生責任者を選任すべき事業者に対し、遅滞なく、その旨を通報しなければならない。（安衛法第16条第2項）

ややもすると、元方事業者に全面的に依存する面があるが、個々の関係請負事業者に属する安全衛生責任者の法的責任は大きい。

なお、安全衛生責任者選任義務（安衛法第16条）違反で有罪となった場合は、同法第120条により50万円以下の罰金が、両罰規定（同法第122条）により行為者および法人に課せられる。

1-3 元方事業者および関係請負事業者の安全衛生管理

　規模に関係なく、請負関係を有する元方事業者が実施すべき安全衛生管理項目としては、次の(1)〜(13)があげられるが、ほとんどの項目が関係請負事業者（安全衛生責任者）が実施しなければならない安全衛生管理と関連がある（**図1-2〜図1-5**）。

　元方事業者の安全衛生管理としては、次のようなものがあげられる。

(1)　安全衛生計画の作成
　建設現場ごとに当該現場における安全衛生の基本方針、目標および対策を内容とする安全衛生計画を作成する。重点実施事項または重点方策および具体的実施事項を設定する。作成した計画に基づき実施、評価、改善のPDCAサイクルを展開する。

(2)　過度の重層請負の改善
　①　労働災害を防止するための事業者責任を遂行することのできない事業者に、そ

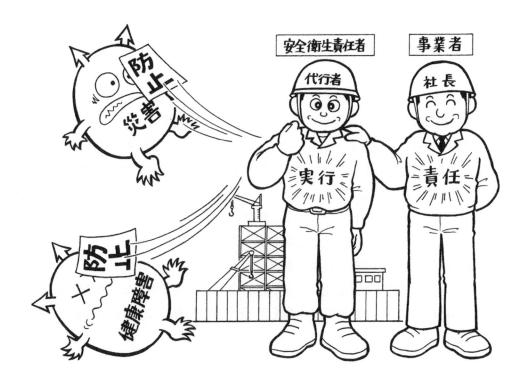

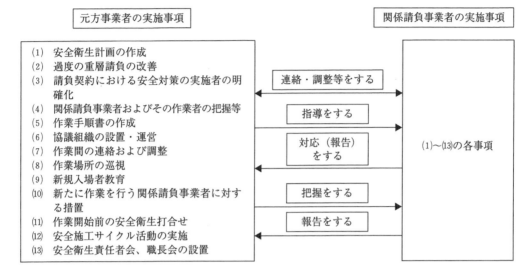

図1-2 現場における元方事業者と関係請負事業者の関係

（「元方事業者による建設現場安全管理指針について」（平成7年4月21日 基発第267号の2）より抽出）

の仕事の一部を請け負わせないこと。

② 仕事の全部を、一括して請け負わせないこと。

③ 関係請負事業者にも、遵守するよう指導すること。

(3) 請負契約における労働災害防止対策の実施者およびその経費の負担者の明確化等

① 労働災害の防止に係る措置の範囲を明確にするとともに、請負契約において労働災害防止対策の実施およびそれに要する経費の負担者を明確にすること。

② 関係請負事業者に対しても、指導すること。

(4) 元方事業者による関係請負事業者およびその労働者の把握等

① 関係請負事業者の把握

関係請負事業者に対し、請負契約の成立後、速やかにその名称、請負内容、安全衛生責任者の氏名、安全衛生推進者の選任の有無およびその氏名を通知させ、これを把握しておくこと。

② 関係請負事業者の労働者の把握

a 関係請負事業者に対し、毎作業日の作業を開始する前までに仕事に従事する労働者の氏名、員数を通知させ、これを把握しておくこと。

   b　関係請負事業者に対し、その雇用する労働者の安全衛生に係る免許・資格の取得および特別教育、職長教育あるいは安全衛生責任者教育の受講の有無等を把握するよう指導する。

③　安全衛生責任者等の駐在状況の把握

   安全衛生責任者の駐在状況を、朝礼時、作業間の連絡および調整時等の機会に把握しておくこと。

④　持込機械設備の把握

   関係請負事業者に対し、現場に持ち込む建設機械等の機械・設備について事前に通知させ、これを把握しておくとともに、定期自主検査、作業開始前点検等を徹底させること。

(5) 作業手順書の作成

  作業手順書は、当該作業を行う事業者が作成し、これを労働者に遵守させなければならない。元方事業者は、関係請負事業者に対し労働災害防止に配慮した作業手順書の作成を指導すること。

(6) 協議組織の設置・運営

  元方事業者が設置・運営する安全衛生協議会（建設の現場では「災害防止協議会」と称する場合が多い。）等の協議組織については、次によりその活性化を図ること。

①　会議の開催頻度

   協議組織の会議を、毎月1回以上開催すること。

②　協議組織の構成

   協議組織の構成員に、統括安全衛生責任者、元方安全衛生管理者、元方事業者の現場職員、元方事業者の店社（共同企業体にあっては、これを構成するすべての事業者の店社）の店社安全衛生管理者または工事施工・安全管理の責任者ならびに関係請負事業者の店社の経営幹部、工事施工・安全管理の責任者および安全衛生責任者等を入れること。

③　協議組織の規約

   協議組織の構成員、協議事項、協議組織の会議の開催頻度等を定めた協議組織の規約を作成すること。

④　協議組織の会議の議事の記録

   協議組織の会議の重要な議事に関する記録を作成するとともに、これを関係請

　負事業者に配布すること。
　⑤　協議結果の周知
　　協議組織の会議の重要な結果については、朝礼等を通じてすべての現場労働者に周知すること。

（7）作業間の連絡および調整
　混在作業を開始する前および日々の安全施工サイクル活動等において、次の事項について、混在作業に関連するすべての関係請負事業者の安全衛生責任者と十分な連絡および調整を実施すること。
　①　車両系建設機械を用いて作業を行うときの作業計画
　②　移動式クレーンを用いて作業を行うときの作業計画
　③　高所作業車を用いて作業を行うときの作業計画
　④　フォークリフト等車両系運搬機械を用いて作業を行うときの作業計画
　⑤　機械、設備等の配置計画
　⑥　作業場所の巡視の結果
　⑦　作業の方法と具体的な労働災害防止対策

（8）作業場所の巡視
　統括安全衛生責任者および元方安全衛生管理者に、毎作業日に1回以上、作業場所の巡視を実施させること。

（9）新規入場者教育
　関係請負事業者に対し、その労働者のうち、新たに作業を行うこととなった者に対する新規入場者教育の適切な実施に必要な場所、資料の提供等の援助を行うとともに、当該教育の実施状況について報告させ、これを把握しておくこと。

（10）新たに作業を行う関係請負事業者に対する措置
　新たに作業を行う関係請負事業者に対し、当該作業開始前に当該関係請負事業者が作業を開始することとなった日以前の、協議組織の会議内容および作業間の連絡調整の結果のうち、当該関係請負事業者に関する事項を周知すること。

(11) 作業開始前の安全衛生打合せ

　関係請負事業者に対し、毎日、その労働者を集め、作業開始前の安全衛生打合せを実施するよう指導すること。

(12) 安全施工サイクル活動の実施

　施工と安全管理が一体となった、安全施工サイクル活動を展開すること。

(13) 安全衛生責任者会、職長会の設置

　関係請負事業者に対し、

　①　安全衛生責任者、職長および作業者の安全衛生意識の高揚を図る

　②　安全衛生責任者間および職長間の連絡の緊密化を図る

　③　労働者からの安全衛生情報の掌握等を図る

ため、安全衛生責任者会、職長会を設置するよう指導すること。

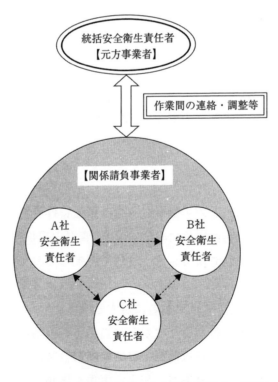

図1-3　統括安全衛生責任者と安全衛生責任者の関係

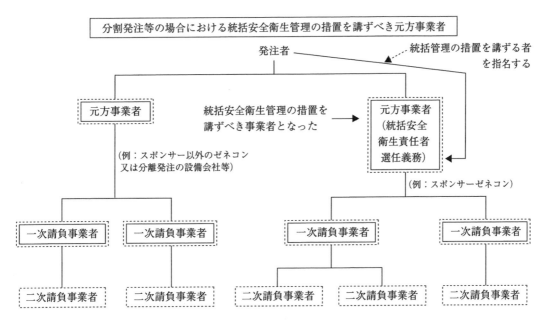

図1-4　発注者が2以上の特定元方事業者の請負人に請け負わせている場合
（安衛法第30条第2項前段の場合）

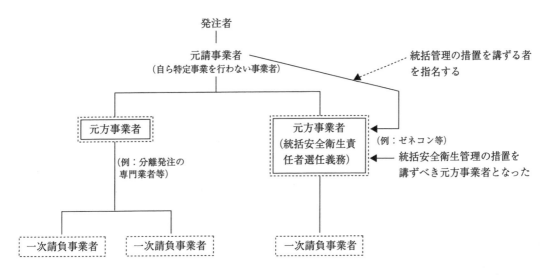

(注)　① □ 内の者は、一の場所において行う事業の仕事の一部を請負人に請け負わせているものをさす。
　　　② ┊┄┊ 内の者は、一の場所で自ら仕事を行っているものをさす。

**図1-5　特定事業を請け負った者で、特定元方事業者以外のもののうち、
　　　　その仕事を2以上の請負人に請け負わせている場合**
（安衛法第30条第2項後段の場合）

1-4 統括安全衛生責任者

　安全衛生責任者の業務と密接な関係がある統括安全衛生責任者の概要は、次のとおりである。

(1) 統括安全衛生責任者の選任

　工事規模が大きく、常時従事者数が50人以上になると、元方事業者は安衛法第15条に定める統括安全衛生責任者を選任し、その者が統括管理業務を行う（**表1-1**）。ただし、ずい道等の建設の仕事等については、常時30人以上が対象となる。

　なお、統括安全衛生責任者については、次の定めがある。

① 　統括安全衛生責任者は、当該場所においてその事業の実施を統括管理する者をもって充てなければならない。（安衛法第15条第2項）

② 　総括安全衛生管理者が旅行、疾病、事故その他やむを得ない事由によって職務を行うことができないときは、代理者を選任しなければならない。（安衛則第3条）

③ 　なお、統括安全衛生責任者、元方安全衛生管理者、店社安全衛生管理者および安全衛生責任者についても②を準用する。（安衛則第20条）

表1-1　統括安全衛生責任者、店社安全衛生管理者等の選任義務一覧

工事の種類／労働者の規模	ずい道等の建設の仕事	圧気工法による仕事	一定の橋梁の仕事　※1	鉄骨造又は鉄骨鉄筋コンクリート造の建築物の建設の仕事	左記以外の建設工業
常時数が50人以上		統括安全衛生責任者を選任　※2			
同　　30人以上					
同　　20人以上		店社安全衛生管理者を選任　※3			
同　　10人以上		店社安全衛生管理者に準ずる者を選任　※4			

※1 　一定の橋梁の仕事とは人口集中地区内の①道路上、②道路に隣接した場所、③鉄道の軌道上、④鉄道の軌道に隣接した場所で行う工事

※2 　安衛法第15条

※3 　安衛法第15条の3

※4 　「中規模建設工事現場における安全衛生管理の充実について」　（平成5年3月31日　基発第209号の2）。なお、本テキストでは「店社安全衛生管理者に準ずる者」を「店社の安全衛生担当者」と表記している場合がある。

(2) 統括安全衛生責任者の職務
① 元方安全衛生管理者を指揮すること
② 救護技術管理者を指揮すること
③ 協議組織の設置および運営を行うこと（安衛則第635条）
④ 作業間の連絡、調整を行うこと（安衛則第636条）
⑤ 作業場所を巡視すること（安衛則第637条）
⑥ 関係請負事業者が行う安全衛生教育に対する指導および援助を行うこと（安衛則第638条）
⑦ 新規入場者に対する教育のための場所、資料等の提供を行うこと
⑧ 仕事の工程に関する計画等を作成すること（安衛則第638条の3）
⑨ 作業場所における機械、設備等の配置に関する計画を作成するとともに、関係請負事業者が作成する作業計画の指導を行うこと（安衛則第638条の3、第638条の4）
⑩ その他労働災害を防止するために必要な事項
・クレーン等の運転についての合図の統一（安衛則第639条）
・事故現場の標識の統一等（安衛則第640条）
・有機溶剤等の容器の集積箇所の統一（安衛則第641条）
・警報の統一等（安衛則第642条）
・避難訓練の実施方法等の統一（安衛則第642条の2）
等がある。

1-5 元方安全衛生管理者

　安全衛生責任者を含めた現場全体の統括管理は、統括安全衛生責任者が行うが、下記事項についての具体的な実務については元方安全衛生管理者が行う（安衛法第15条の2、第30条）（**図1-6参照**）。
① 協議組織の設置、運営
② 作業間の連絡、調整
③ 作業場所の巡視
④ 関係請負事業者が行う労働者の安全衛生教育に対する指導、援助
⑤ 仕事の工程に関する計画および作業場所における機械、設備等の配置に関する計画の、作成およびこれらの計画に基づく関係請負事業者の作業計画等に対する

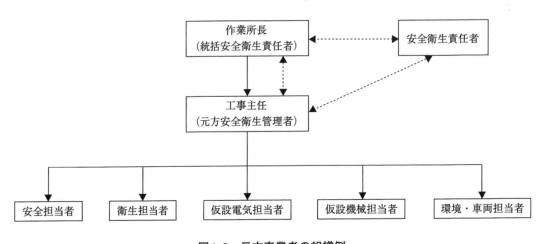

図1-6　元方事業者の組織例

指導ならびにそれら機械、設備等を使用する際に関係請負事業者が行うべき法定
の作業、措置についての指導
⑥　その他混在作業による労働災害を防止するため必要な措置

1-6 店社安全衛生管理者

　統括安全衛生責任者（安全衛生責任者）の選任を、法令上必要としない規模の現場
で、一定数以上の労働者が作業する場合には、当該工事を請け負った店社（その工事
現場を直近で所管する支店、支社あるいは本社等）は店社安全衛生管理者を選任し、
当該現場の統括管理を行う者に対し、指導などを行うことが規定されている（**図1-7**）。
　その対象となる現場は
○労働者数が20人以上30人未満のずい道等の建設工事、圧気工法による工事、一定
　の橋梁の仕事（一定の橋梁工事とは人口集中地区内の①道路上、②道路に隣接した
　場所、③鉄道の軌道上、④鉄道の軌道に隣接した場所）
○労働者数が20人以上50人未満の鉄骨造又は鉄骨鉄筋コンクリート造の建築物の建
　設の仕事
である（**表1-1**参照）。

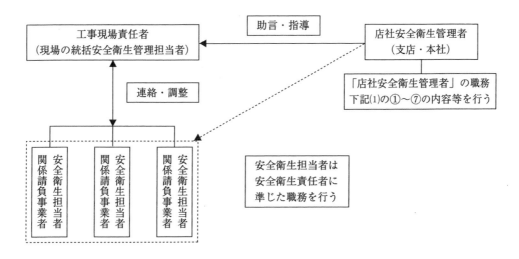

図1-7　安衛法第15条の3に基づく〔一定規模の工事現場〕
安全衛生管理体制の例

(1) 店社安全衛生管理者の職務としては、次のものがあげられる。
 ① 安全衛生管理組織の整備を指導する。
 ② 安全衛生計画の作成について指導する。
 ③ 工事の進捗状況の把握と安全衛生計画との整合性を指導する。
 ④ 安全衛生パトロールに毎月1回以上参加して指導する。
 ⑤ 協議組織の活動に随時参加し、助言、指導を行う。
 ⑥ 労働災害の原因の調査および再発防止対策の樹立のための指導を行う。
 ⑦ 各種安全衛生情報を提供する。

(2) 店社安全衛生管理者の資格
 ① 大学または高等専門学校を卒業しその後3年以上建設工事の施工における安全
  衛生の実務に従事した経験を有する者
 ② 高等学校または中等教育学校を卒業しその後5年間以上建設工事の施工におけ
  る安全衛生の実務に従事した経験を有する者
 ③ 8年以上建設工事の施工における安全衛生の実務に従事した経験を有する者

1−7 中規模現場における統括安全衛生管理

　統括安全衛生責任者あるいは店社安全衛生管理者の法令上の選任義務がない中規模建設工事現場においても、統括管理は行わなければならない。このような現場においては、元方事業者は当該現場の工事責任者を「統括安全衛生管理を担当する者」に指名するとともに、「店社の安全衛生担当者（店社安全衛生管理者に準ずる者）」の巡回によって、元方事業者としての義務を果たさなければならない（**表1-1**参照）。

　また、関係請負事業者にあっても、「安全衛生責任者に準ずる者」として職務を行う「安全衛生担当者」を配置することとされている。なお、「中規模現場」とは、おおむね労働者数10〜49人規模の建設工事現場をいう（「中規模建設工事現場における安全衛生管理の充実について」平成5年3月31日　基発第209号の2）（**図1-8**参照）。

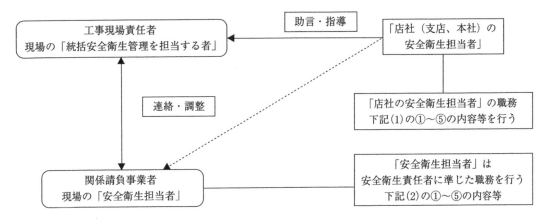

図1-8　中規模現場における安全管理

(1)「店社の安全衛生担当者」の職務としては次のものがあげられる。
　①　現場の統括安全衛生管理を担当する者に対する指導を行うこと。
　②　現場を毎月1回以上パトロールすること。
　③　現場において行われる建設工事の状況を把握すること。
　④　現場の協議組織に随時参加すること。
　⑤　仕事の工程に関する計画および作業場所における機械、設備等の設置に関する
　　計画を確認すること。
(2)　関係請負事業者の「安全衛生担当者」の職務としては、次のものがあげられる。
　①　統括安全衛生管理を担当する者との連絡と、連絡を受けた事項の関係者への連
　　絡を行うこと。
　②　統括安全衛生管理を担当する者からの連絡事項の実施について管理すること。
　③　請負人が作成する作業計画等について、統括安全衛生管理を担当する者と調整
　　を行うこと。
　④　混在作業による危険の有無を確認すること。
　⑤　請負人が仕事の一部を後次の請負人に請け負わせる場合には、その請負人の安
　　全衛生担当者と連絡調整を行うこと。

◎　なお、各建設会社においては、このような規模による管理の煩雑さをなくすと同
　時に安全管理の徹底を図るため、法の規定に関わらず統括安全衛生責任者あるいは
　安全衛生責任者を指名することがある。

2 安全衛生責任者の役割と心構え

2-1 職長と安全衛生責任者の比較

安全衛生責任者の職務を理解する上において、まず職長（現場監督者）の職務と比較すれば**表2-1**のようになる。中規模の建設現場においては、実態として、安全衛生責任者が職長を兼務することが少なくない。

表2-1　職長と安全衛生責任者の比較

	安全衛生責任者	職　　　長
現 場 常 駐 者	●1名のみ	●1名以上（複数いる）
教育すべき根拠	●通達 H12.3.28基発第179号	●安衛法第60条
位 　置 　付 　け	●管理者	●職長、現場監督者等
主 　な 　業 　務	●対外的な連絡、調整等	●自社の作業指揮、監督
相 　　手 　　方	●元方＋自社＋他社 ●自社下請け業者	●自社のライン（作業員） ●自社の管理者、事業者

2-2 安全衛生責任者の役割

安全衛生責任者の具体的な役割としては、次のようなものがあげられる（**図2-1**参照）。

① 　統括安全衛生責任者との連絡（安衛則第19条第1号）

（例）

a 　毎作業日に仕事に従事する労働者数を報告する。

b 　新たに従事することになった労働者について、法定資格、教育、健康診断の有無等について報告する。

c 　現場に持ち込む建設機械、電動工具について報告する。

d 　請負事業者側で行われた特別教育等の実施結果、作業者の資格取得状況等について報告する。

e 　次のような活動への参加等を通じ、統括安全衛生責任者および関係請負事業者の安全衛生責任者と意思の疎通を図り、連帯して安全衛生の確保に努める。

　・安全施工サイクル

　・安全工程打合せ会

・安全衛生責任者会
・安全衛生協議会（災害防止協議会）
・安全衛生提案制度
・消火活動訓練や救急手当等の講習会

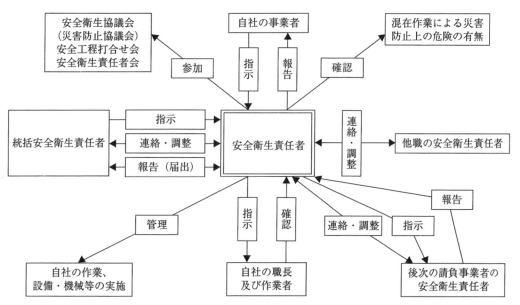

図2-1　安全衛生責任者の役割とは何か

② 統括安全衛生責任者から連絡を受けた事項の関係者への連絡（安衛則第19条
第2号）

（例）

a 統括安全衛生責任者から連絡を受けた事項を、自社の事業者に報告する。

b 統括安全衛生責任者から連絡を受けた事項を職長および作業者に指示、命令
する。

③ 統括安全衛生責任者から連絡を受けた事項についての請負事業者の実施につい
ての管理（安衛則第19条第3号）

「実施についての管理」には、それぞれの事項の担当者が確実に実施するよう
管理することのほか、安全衛生責任者が自ら実施することが含まれる。

（例）

a 混在作業の管理

上下作業場所の分散化と時間差化を遵守させる。

材料の上げ下ろし口に対する作業の割り当て時間を遵守させる。

b 危険防止措置を実施する。

墜落災害防止対策の設備（手すり、ネット、囲い等）の措置を遵守させる。

飛来落下物に対する措置を遵守させる。

災害防止設備を一時取り外した場合は代替え措置を遵守させる。

④ 請負事業者がその労働者の作業の実施に関し作成する計画について特定元方事
業者の作成した安衛法第30条第1項第5号の計画との整合性を図るための統括安
全衛生責任者との調整（安衛則第19条第4号）

請負事業者がその労働者の作業の実施に関し作成する計画には、

a 車両系建設機械を用いて作業を行うときの作業計画（安衛則第155条）

b ずい道等の掘削の作業を行うときの施工計画（安衛則第380条）

c 鋼橋架設等の作業を行うときの作業計画（安衛則第517条の6）

d コンクリート橋架設等の作業を行うときの作業計画（安衛則第517条の20）

e 移動式クレーン等の作業の方法等の決定等（クレーン則第66条の2）

f 高所作業車の作業計画（安衛則第194条の9）

g フォークリフト等車両系荷役運搬機械等の作業計画（安衛則第151条の3）
等がある。

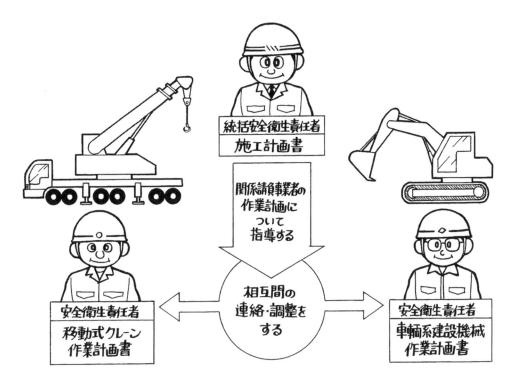

⑤　混在作業における労働災害についての危険の有無の確認（安衛則第19条第5号）

　　安全衛生責任者は、混在作業において労働者に危険があることを確認した場合には、統括安全衛生責任者に連絡すること等によって、適切に対応することが必要である。

⑥　仕事の一部を他に再下請負させている場合における、後次の請負事業者の安全衛生責任者との作業間の連絡および調整（安衛則第19条第6号）

　　請負関係が重層的になっている場合には、作業間の連絡および調整は、統括安全衛生責任者と安全衛生責任者との間で行うだけでなく、それぞれの請負系列において先次の請負事業者と後次の請負事業者との間でも十分に連絡・調整を行う。

2-3 関係請負事業者が自ら注文者となった場合の安全衛生管理

　関係請負事業者が、その仕事の一部を後次の請負事業者に注文する場合があるが、その場合の現場での連絡・調整の業務は安全衛生責任者が行う。

(1) 注文者と請負者

　注文者とは、請負契約の一方の当事者であって、仕事のすべてまたは仕事の一部を請け負わせるものをいう。請負者とは、注文者から仕事を請け負い、自らも仕事をするものおよびその仕事の一部またはすべてをさらに別の事業者に注文する事業者等をいう。

(2) 注文者として行わなければならない事項（**図2-2参照**）
　① 　仕事の一部を請け負わせた注文者が、自ら設置した建設物等を、請負事業者の作業者に使用させる場合は、労働災害防止上の必要な措置を講ずること。
　② 　請負契約が複数にわたっており、複数の注文者がいる場合は、最先次の注文者が、労働災害防止上の安全措置を行う義務がある。
　③ 　注文者は、請負者に指示を行う場合、法令違反となる指示をしてはならない。

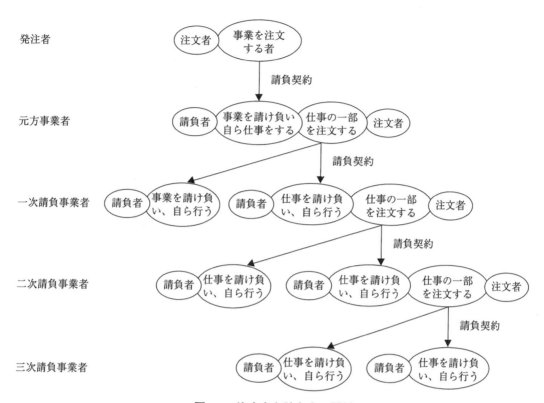

図2-2　注文者と請負者の関係

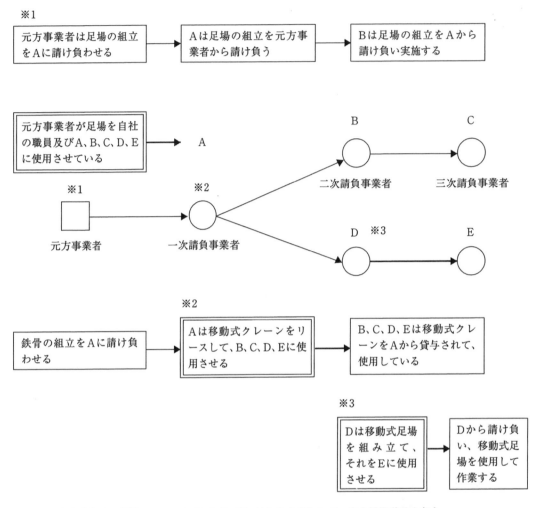

※-1　元方事業者は、足場についてA、B、C、D、Eに対し注文者として、安全措置義務を負う。
※-2　一次請負事業者Aは、移動式クレーンについてB、C、D、Eに対して注文者として、安全措置義務を負う。
※-3　二次請負事業者Dは、移動式足場について三次請負業者Eに対し注文者として、安全措置義務を負う。

◎　関係請負事業者が自ら注文者となった場合の特定機械を使用し、特定作業をする
　　時の安全措置およびリース機械を借用した場合の措置については、6-3（89ページ）
　　に示してある。

2-4 安全衛生責任者の心構え

　安全衛生責任者が行うべき業務は法令で規定されており、また、事業者から、責任と権限を委譲されていることを、自覚して行動する。

①　現場における不安全行動や不安全状態を絶対に見逃さないという雰囲気づくりに努める。

②　統括安全衛生責任者のみならず他社の安全衛生責任者との間で協調関係を築く。

　　そのためには、

・自社の作業に対し、他社の安全衛生責任者や作業者から信頼を得る。

・自社のみの利益優先に固守せず、現場全体の安全作業を考えて行動する。

　等のことがあげられる。

③　安全工程打合せ会に参加し、積極的に発言する。

④　新規入場者、高年齢者などに対し、特に理解を示す職場づくりに心掛ける。

⑤　混在作業は作業員の協力を得て、作業場所の分散化と時間差化を図り減少させる。

⑥　作業員の不平、不満、不安が起きないよう、能力を加味した公平な作業条件について配慮をする。

⑦　安全衛生提案や作業改善提案を前向きに取り入れ、活性化された職場をつくる。

⑧　作業に関連することにより、公衆災害を起こさないよう配慮する。

⑨　常に緊急事態に対応できる心構えをもつ。

⑩　安全衛生と密接なつながりのある品質・コスト・人間関係・環境問題等についても、幅広い角度で考える。

　なお、一般社団法人全国建設業協会においては、施工体制台帳・再下請負通知書・労務安全に関する届出書等を統一様式として定めて、関係業者の事務の軽減と、労務・安全管理の一層の充実を図っている。

（例）（全建統一様式改訂5版による）

　　様式　第1号-甲　再下請負通知書（変更届）

　　　〃　第1号-甲-別紙　外国人建設就労者現場入場届出書

　　　〃　第1号-乙　下請負業者編成表

　　　〃　第2号　　　施工体制台帳作成建設工事の通知

　　　〃　第3号　　　施工体制台帳

　　　〃　第4号　　　工事作業所災害防止協議会兼施工体系図

　　　〃　第5号　　　作業員名簿

　　　〃　第6号　　　工事安全衛生計画書

　　参考様式第3号　　安全衛生計画書

　　様式　第7号　　　新規入場時等教育実施報告書

　　　〃　第8号　　　安全ミーティング報告書

統括安全衛生管理の進め方

◇本項では◇

　労働災害を防止するための、建設現場での統括安全衛生管理について、安全衛生計画の作成の方法、その計画に基づく安全施工サイクルの実施の方法、毎日の安全工程打合せの進め方等を、具体例を交え、解説する。

3 安全衛生計画

　建設現場を安全・快適で働きやすい職場にするためには、組織だった活動を展開する必要があるが、これをあらかじめまとめたものが安全衛生計画である。

3-1 建設業における安全衛生計画

　安全衛生管理を効果的に進めるには、経営者・管理監督者・労働者が一体となった取り組みが必要である。このため建設業においては、**図3-1**、**図3-2**に示すように、

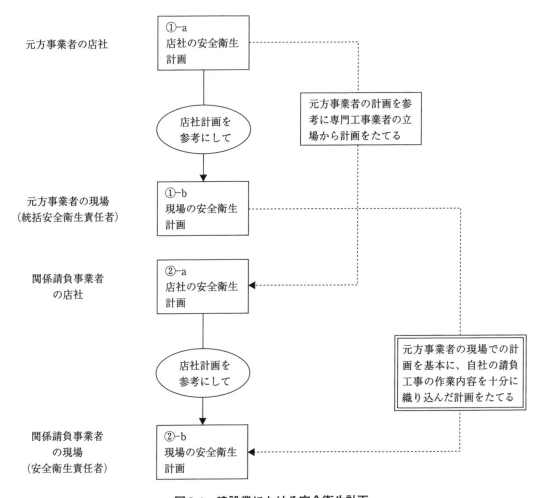

図3-1　建設業における安全衛生計画

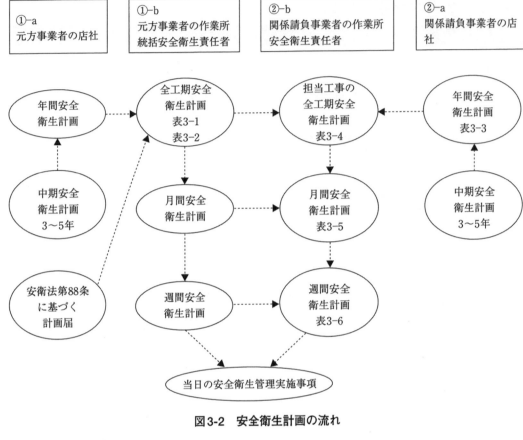

図3-2　安全衛生計画の流れ

元方事業者および関係請負事業者が店社と現場ごとに、それぞれ安全衛生計画を作成する（**表3-1〜表3-6**　44〜56ページ）。

(1) ②-a　関係請負事業者の店社の安全衛生計画
　① 　関係請負人の店社は、取引先の多い元方事業者の店社の安全衛生方針を参考に、専門工事業者として独自の視点から、自主的な年度計画を策定する。
　（**表3-3**　関係請負事業者の店社年間安全衛生計画の例）
　② 　自社の安全衛生活動を充実させるためには、次のような事項を対策に織り込む。
　　a　安全衛生に関する会議と行事
　　　会議の例：安全衛生委員会、安全衛生協議会（災害防止協議会）、特定工事事
　　　　　　　　前検討会等
　　　行事の例：安全衛生大会、安全週間、労働衛生週間、年末年始労働災害防止強
　　　　　　　　調運動、熱中症予防月間等
　　b　過去の災害に基づく発生要因の排除
　　　例：リスクアセスメントによる特定実施事項の決定と展開
　　　　　各現場における安全衛生点検パトロール
　　　　　特定工事現場の安全衛生診断等
　　c　法令に基づく安全衛生規程類の整備
　　　例：自社の安全衛生規程の見直し
　　　　　標準作業計画と作業手順書の見直し
　　　　　関係法令実施事項の見直し等
　　d　日常の安全衛生活動
　　　例：危険予知活動、指差し呼称、ヒヤリ・ハット活動等
　　e　教育・訓練活動
　　　例：新規雇入れ時教育、新規入場者教育、新任職長・安全衛生責任者教育
　　　　　玉掛け、クレーン、酸欠作業等特別教育等
　　f　健康管理
　　　例：雇入時・定期健康診断、有害作業に関わる健康診断、ストレスチェック、
　　　　　メンタルヘルス教育、健康保持増進活動等

(2) ②-b　関係請負事業者の現場の安全衛生計画
　① 　関係請負事業者の現場は、安全衛生責任者を中心に自社の店社の安全衛生計画

および元方事業者が現場で作成した安全衛生計画を参考にして、独自の視点で作成する。

(**表3-4** 関係請負事業者の現場全工期安全衛生計画の例)

(**表3-5** 関係請負事業者の現場月間安全衛生計画の例)

(**表3-6** 関係請負事業者の現場週間安全衛生計画の例)

② 計画作成時には、自社と元方事業者の間で結ばれた工事請負契約書を基に作業内容と作業量を把握し、次に元方事業者の作業計画、安全衛生計画、施工要領書等を参考にして自社の主要な工事計画書、作業計画書を作成する。

(資料参照　車両系建設機械、移動式クレーン作業計画書の例　96〜99ページ)

③ 主要な工事計画書、作業計画書を基にリスクアセスメントを実施するが、そこで検討したリスク除去・低減対策は必ず安全衛生計画に織り込む。

④ 工事の進捗に合わせて工事計画書や作業手順書を随時見直し、仮設設備・使用機械・工具治具・材料等や工程および作業方法を変更するが、変更が困難な事項については、残留するリスクを明確にしておき、安全管理体制、教育訓練、日常の安全活動の実施等の最重点実施事項として定める。

⑤ 安全衛生計画は、作業者が見て具体的で理解しやすい表現でまとめる。

3-2 関係請負事業者の現場安全衛生計画の要点

(1) 安全衛生責任者が中心となって作成するねらい

① 安全衛生責任者は、現場におけるトップであり事業者から責任と権限を委譲されている。

② 安全衛生責任者は、日常の作業のなかで発生した、ヒヤリ・ハットやキガカリ事例および過去の災害の体験を多く経験しており、作業時に発生する災害を予想することができるとともに、作業者が実施可能でしかも災害防止に有効な対策が打ち出せる。

(2) 安全衛生計画の内容

① 方針

a 安全衛生責任者として、現場の「危険性または有害性の除去・低減」および「法令各種規程類の遵守」を念頭に現場の安全衛生をどのように展開し、確保

するかを考えて定める。

　b　方針は、安全衛生責任者として現場の安全衛生活動の中で、何を最重点に取り組むのか、作業者に分かりやすく発信するものである。

　c　方針は、例えば「危険・有害作業の工程数の低減」「危険・有害作業の頻度の低減」などを具体的に掲げ、作業者に示す。

② 目標

　a　目標は、全工期（年間）無災害であることは論をまたない。前回または前年（度）無災害の現場においても、現在の安全衛生水準をより高いレベルに引き上げる到達点と期間を設定する。

　b　目標は、無災害達成の延労働時間数を定め、併せて当該目標を達成するため最も効果的な事項として、例えば「作業手順の見直しによる作業工数○○％低減」「作業内容の省力化による危険作業の頻度の○○％低減」など具体的な内容と数値を設定する。

　c　整理、整頓、清掃のように数値で表すことが困難な事項が現場においてはしばしばある。このような場合、普段からよく現場を観察していれば、どのような評価の方法で数値に表すか、工夫すれば可能である。例えば、作業に関わった延人員に対する、指摘や是正事項の回数を率で表すこと等によって、分かりやすい目標数値が設定できる。

③ 対策

　a　対策は、実際に実施すべき項目であり、重点実施項目と具体的実施項目（具体的内容）でまとめるのが一般的である。

　b　対策は、目標を達成するためにどのような事項を実施するか定める。例えば「複合化施工による就労人員の削減○○％」に対しては、ガラス専門工事業の例として「工場製作段階でサッシにガラスの取付」「シールの内外成型ガスケットの採用」「外壁板にサッシとガラスの取付」「ガラスの現場切断ゼロによる工数削減」等を具体的に設定する。

　c　対策を考えるときは、目標の達成を拒むものは「何なのか」、あるいは目標を達成するためには「何をどのようにするか」を掘り下げていけば立案することができる。

　d　対策は、本質的な安全対策を考えなければならない。例えば、「高所作業では、墜落制止用器具を必ず使用する」という事項であれば、墜落制止用器具を使用しなくても安全に作業ができる「作業床と手すりおよび昇降設備の設置」

であり、墜落制止用器具の使用を要するのであれば「防網（安全ネット）の設置および墜落制止用器具を取り付ける親綱の先行設置」を対策としなければならない。

   e   対策は重点的に絞り込む。

実施項目である重点実施項目または具体的実施項目は、3〜5項目の最も効果のある事項を選び、簡潔に何をどのようにするかまとめる。

対策は、一度で解決できる事項ばかりとは限らず、段階的に対策を重ねて解決しなければならない事項もある。優先順位としては、今、最も解決を迫られている事項から取り組まねばならないことは、いうまでもない。

(3) 安全衛生計画作成時における現状把握の重要性

計画作成時には、できるだけ多くの情報を収集する。

  ① リスクアセスメントの実施結果に基づくこと

   a   リスクアセスメントの実施によるリスクの除去・低減実施事項は、必ず織り込む。

   b   リスクアセスメントの実施による残留リスクに対する実施事項を織り込む。

  ② 過去の実施状況の結果を踏まえる

   a   安全衛生計画の実施状況の精査

   b   日常的な巡視点検の指摘、改善事項

   c   災害調査結果

   d   ヒヤリ・ハット事例

   e   安全衛生協議会の実施結果

   f   日常的な改善活動の実施結果

  ③ 現場の条件等

   a   現場周辺の環境条件

   b   施工計画、総合安全衛生計画

   c   関連する混在作業の状況

   d   統括安全衛生責任者や自社の職長等の意見

(4) 安全衛生計画に含めるべき事項

  ① 危険性または有害性を除去・低減するための事項が含まれていること

  ② 安全衛生関係法令、事業場安全衛生規程等に定める実施事項が含まれているこ

と

③　危険予知活動、職場巡視等の日常的な安全衛生活動に係る事項が含まれていること

④　安全衛生教育に係る事項が含まれていること

⑤　事業場の安全衛生活動の実績等を踏まえたものであること

⑥　実施事項の担当部署（担当者）および年間、月間等の日程が示されていること

表3-1　元方事業者の全工期工程別安全衛生計画の例（建築工事）

1　基本方針　　　　　　　　危険作業の工事削減による全工期無災害の達成
2　作業所の安全目標　　　　延べ368,000時間災害発生件数　0件
3　安全衛生のスローガン　　全員参加で安全先取り活動を進めよう

工事別 \ 月	7	8	9	10
主要工程 — 仮 設 工 事	仮囲い組立			
主要工程 — 杭 工 事		アースドリル(礎底拡大)		
主要工程 — 根 切 ・ 山 留 工 事	SMW		1次根切り / 1次山留	・桟橋 / 2次根切り
主要工程 — 地 下 躯 体 工 事				
主要工程 — 鉄 骨 工 事				
主要工程 — 設 備 工 事				
主 要 作 業	山留杭工事	杭工事	根切工事 構台架設	根切工事 山留工事
安 全 管 理 重 点 項 目	・重機車両災害の防止 ・始業前点検の励行・確認 ・重機足元地盤の確認	・重機・入場時の点検・確認 ・施設の点検保守 ・開口部養生の徹底	・作業前の打合徹底 ・重機・接触防止措置の徹底 ・信号合図の徹底	・運行車両災害の総点検 ・親綱使用の徹底 ・決められた昇降設備の使用
衛 生 管 理 重 点 項 目	・衛生計画の立案 ・作業主任者の選任	・作業員詰所の整備 ・手洗所、便所等設備の整備	・健康管理の促進 ・作業指導者の適正配置	・作業時間と休憩時間の適正化 ・保護具の着用

4　重点方策

①新規入場者教育の徹底
②危険・有害作業に対する事前検討の充実
③墜落、飛来落下、重機災害の絶無

11	12	1	2	3	4	5
					タワークレーン	設置
	杭天端こわし					
2次山留						桟橋解体
			2次山留	解体	1次山留解体	
	床付け根切り					
	砂利地業					
		捨てコンクリート打ち			B₁F立ち上がり	
				B₂F立ち上がり		
			B₂F床・地中梁			
		耐圧コンクリート				
		基礎の配筋				
						鉄骨建方工事
				打込スリーブ	・配管他	
山留工事 根切工事	地業工事	基礎工事	基礎工事	躯体工事 山留工事	躯体工事	定置式クレーンの設置
・防護施設の点検保守 ・足場および通路の安全確保 ・作業後の片付け・整理	・施設の点検・保守 ・KYMによる作業厳守 ・足場および通路の安全確保	・作業者間連絡調整 ・上下作業の計画的管理 ・合図の統一	・立入禁止区域の表示 ・落下防止対策の徹底 ・つり荷重の確認	・材料の計画的搬入 ・作業終了時の片付励行 ・材料置場・通路の表示	・作業手順の徹底 ・作業者間連絡調整	・高所作業状況の確認 ・上下作業の禁止 ・監視人の配置
・救助の訓練の充実 ・作業員の健康状態の把握	・ストーブ等暖房設備の整備 ・一連続作業時間と休憩時間の適正化	・酸欠の特別教育の受講 ・保護具の着用	・作業量の適正化 ・作業時間の管理	・場内小便所の整備 ・定期健康診断の励行	・健康管理の促進 ・場内の照明・換気の整備	・第三者に対する配慮教育

次頁につづく

工事別 月	6	7	8	9
主 要 工 程 仮 設 工 事		タワークレーン		
		外部足場・ロン	グスパンEV	
鉄 骨 工 事	鉄骨足場 の組立			
	鉄骨の建て方			
	鉄骨 の本締め			
地 上 軀 体 工 事	1F			
		2F		
			3F	
			4F	
				5F
				6F
外 装 工 事				
内 装 工 事				B₂F〜8F
設 備 工 事		打込スリーブ・	配管他	
外 構 工 事				
主 要 作 業	鉄骨工事	軀体工事	軀体工事	軀体工事
安 全 管 理 重 点 項 目	・決められた昇降設備の使用 ・親綱使用の徹底 ・作業所内の環境整備	・作業前の打合せ徹底 ・安全施工サイクル強化 ・安全衛生施設の総点検	・作業手順の徹底 ・有資格者作業の確認 ・持込機器の事前点検	・防護施設の点検保守 ・高所作業状況の確認 ・上下作業の禁止、作業後の片付け・整理
衛 生 管 理 重 点 項 目	・作業所内の排水対策 ・作業姿勢の改善	・熱中症の予防対策	・作業員の健康状態の把握 ・台風対策	・有機溶剤を使用する作業では十分な換気を行う ・マスク等の保護具着用の徹底

46

10	11	12	1	2	3	4
					仮囲い解体	
		解体				
				解体		
7F						
	屋上防水工事					
屋上	外壁仕上げ工事					
内装仕上げ工事						
電気設備工事	空調設備工事	給排水衛生工事				
		エレベータの組立				
躯体工事 仕上工事	仕上工事	仕上工事 タワークレーン解体	仕上工事	仕上工事 受電	仕上工事 検査	外構工事
・揚重作業事故の防止 ・玉掛けワイヤー点検整備 ・上下作業の計画的管理 ・合図の統一	・クレーン災害の防止 ・第三者災害の防止 ・高所作業車リース時の点検・確認	・作業者間連絡調整 ・つり荷重の確認 ・防火施設の充実 (年末・年始の防犯防火対策確立)	・足場および通路の安全確保 ・開口部養生の徹底	・脚立事故の防止 ・3点支持の徹底 ・足場板結束の確認（ゴムバンドの使用）	・作業前の打合せ徹底 ・整理整頓の徹底 ・持込機器の事前点検	・第三者災害の防止 ・歩行者誘導および優先の徹底 ・作業終了時の片付励行
・健康管理の促進 ・振動騒音作業の点検、管理	・作業員の適正配置化 ・作業員詰所の整備	・手洗所・便所等設備の整備 ・健康管理の促進	・保護具の着用 ・粉じん作業における換気 ・集じん設備の整備	・マスク等保護具着用の徹底	・有機溶剤を使用する作業で十分な換気を行う	・作業時間の管理

47

表3-2　元方事業者の全工期工程別安全衛生計画の例（土木工事）

○○共同構工事安全衛生計画表

工種別 ＼ 月		1	2	3	4
工事工程表	1. 鋼杭打工	▬			
	2. 第一次掘削工		▬		
	3. 桟橋架設工		▬		
	4. 山留架設工			▬	
	5. 山留解体工				▬
	6. 掘削工			▬	
	7. 型枠・支保工				▬
	8. 鉄筋コンクリート工				▬
	9. 雑工	▬▬▬▬▬▬▬▬▬▬▬▬▬▬▬▬			
災害防止重点目標	予想される災害	1. 交通災害 2. 重機（車両系建設機械）災害	1. 車両災害 2. 重機（掘削系建設機械）災害	1. 崩壊（地山・山留）災害 2. 感電災害	1. 倒壊（型枠支保工）災害 2. 倒壊（山留）災害
	予想される災害の対策	1. 免許証、保険等の確認 2. 有資格者の確認 3. 杭打機作業範囲立入禁止	1. 車両進入路等標示類の設置 2. 掘削機械作業半径内立入禁止	1. 有資格者の確認と保護具の使用 2. 重機に対して確実な誘導と合図を行う 3. 監視人をつけ危険区域の立入禁止	1. アンカーと型枠部材の接続緊結を確実に行う 2. 解体時の作業手順の厳守
	行事予定	1. 安全衛生計画書作成 2. 火災予防対策月間 3. ○○年度基本方針教育	1. 安全衛生委員による安全パトロール（上旬） 2. 誘導員の教育（中旬） 3. 消防訓練（下旬）	1. 作業所相互のパトロール（上旬） 2. 交通ルール教育（上旬） 3. 安全教育（重点管理項目の確認）	1. 店社安全担当部署による安全パトロール（上旬） 2. 春季健康診断の実施（4/15） 3. 安全教育（スライドによる）

①安全衛生大会	毎月1日	④安全朝礼	毎日8：30〜8：35
②安全衛生協議会	毎月25日	⑤安全体操	毎日朝礼前
③一斉片付	毎週金曜日	⑥安全工程打合わせ	毎日16：00〜16：30

5	6	7	8	9	10
1. 墜落（作業床、山留材）災害 2. 重機（クレーン）災害	1. 飛来・落下災害 2. 重機災害	1. 機械・電動工具災害 2. 感電（アーク溶接）災害	1. アセチレン酸素ガス災害 2. 墜落（開口部）災害	1. 機械（コンクリートポンプ車・高所作業車）災害	1. 運搬災害
1. 親綱の設置と墜落制止用器具の使用確認 2. 信号合図の統一専任者配置	1. 材料の投下禁止 2. 玉掛けワイヤー台付け類の点検	1. 持込み機械、器具点検 2. 電撃防止器の機能確認 3. 感電防止用漏電遮断器の取付け	1. ボンベには逆火防止器の取付け専用運搬器使用の確認 2. 安全通路の確保と手すりの完備	1. 機械器具の点検と整備	1. 運行経路の明示
1. 安全アイデア募集（5/1〜7/7） 2. 店社幹部によるパトロール（上旬） 3. 安全教育（電気・揚重機下旬）	1. 全国安全週間準備期間（6/1〜6/30） 2. 機材センターによる安全パトロール（中旬） 3. 衛生教育（梅雨時にそなえて中旬）	1. 全国安全本週間（7/1〜7/7） 2. 本社中央安全委員による安全パトロール（7/1〜7/7） 3. 無災害強調運動（7/1〜8/31）	1. 店社安全担当部署による安全パトロール（上旬） 2. 安全教育（溶接作業下旬） 3. KYMの再教育	1. 全国労働衛生週間準備期間（9/1〜9/30） 2. 環境美化運動（9/1〜10/31）	1. 全国労働衛生本週間（10/1〜10/7） 2. 交通ガイドライン講習

表3-3　関係請負事業者の店社年間安全衛生計画の例

〇〇年度

事業所の名称　　〇〇株式会社△△△ビル作業所

所長名　　　　　　〇　〇　〇　〇　　　殿

方針	1. 店社および作業所は安全衛生管理体制を確立 2. 作業所における安全衛生活動の強化 3. 安全衛生教育および健康診断の計画的実施	目標	1. ゼロ災害の達成 2. 教育・健康診断の全員実施

安全衛生上の課題、特定した危険性・有害性
1. 新規入場者への安全衛生教育に不足が見られ、混在作業での安全確保が徹底できていない。 （以下、例、略）

重点施策	実施項目	目標	担当	
1. 安全衛生管理体制の確立・強化	1-1　年度安全衛生計画の作成		安全管理者	
	1-2　安全衛生委員会の定期的開催	毎月1回	全委員	
	1-3　作業所パトロールの実施	対象作業所ごと 毎月1回	副社長、部長 安全・衛生管理者	
2. 安全衛生教育の計画的実施	2-1　雇入れ、作業変更時教育の徹底	随時	安全管理者	
	2-2　職長教育の実施	年5回	〃	
	2-3　技能講習・特別教育への派遣・実施	年5回	〃	
	2-4　KYT講習会への派遣	随時	〃	
3. 作業所における安全衛生活動の強化	3-1　安全施工サイクルの実施	80%普及	安全管理者	
	3-2　KY活動活発化	〃	〃	
	3-3　作業手順書の作成と完全遵守	〃	〃	
	3-4　元請との打合せ、会合への積極的参加	全作業所徹底	〃	
4. 健康診断の完全実施	4-1　雇入時健康診断の実施	随時	衛生管理者	
	4-2　定期健康診断の実施	年1回	〃	
	4-3　特殊健康診断の実施	随時期間毎1回	〃	
5. 年間行事	5-1　全国安全週間（準備期間） 　　　内、熱中症予防月間	6月～7月 7月	安全管理者	
	5-2　全国労働衛生週間（　〃　）	9月～10月	〃	
	5-3　年末年始災害防止	12月～1月	〃	
	5-4　安全大会	6月、12月	〃	

（○○年4月〜○○年3月）安全衛生計画書

元　請確認欄	

安全衛生管理体制		役職者	氏名
	総括安全衛生管理者	副社長	大山一郎
	安全管理者		谷口六郎
	衛生管理者		山下次郎

○○年○月○○日

会社名　　××建設株式会社　　㊞

年間（年度）スケジュール												実施上の留意点
4	5	6	7	8	9	10	11	12	1	2	3	
												年度始め作成
												委員の構成・職務の明確化
												トップ管理者の積極的実施
												テキストの作成・選定
	○	○		○		○		○		○		外部講師依頼
	○		○		○		○		○			
												講習機関・講師の選定
												作業員の積極的参加
												〃
												元請との打合せ合意
												工事打合せ会安全衛生協議会
												健診機関の指定
	○											〃
												〃
					○							

（参考：全建統一様式）

表3-4　関係請負事業者の現場全工期安全衛生計画の例

△△△ビル新築工事現場安全衛生計画表

1. 現場の安全管理方針	2. 現場の安全管理体制		代行者
(1) 方針　全工期無災害の達成	安全衛生責任者		
(2) 目標　16,000時間災害発生0件	職　長		
(3) 重点施策　①墜落・飛来落下災害の絶無　②クレーン災害防止の徹底　③新規入場者の教育と期間	作業主任者	鉄骨の組立て等	
		足場の組立て等	
		同上	
	玉掛け作業者（技能講習修了者）		

重点施策	具体的対策	4	5	6	7
墜落・飛来落下災害の絶無（鉄骨の組立て等）	①トラロープ・バリケード等で立入禁止措置を行う。②建方順序を守り、倒壊防止ワイヤーを張る。③梁取付前に水平セーフティネットを必ず張る。④昇降は各柱毎に安全ブロックを設置し墜落制止用器具使用。				
墜落・飛来落下災害の絶無（足場の組立て等）	①組立て、解体ブロック毎に昇降路を確保。②水平ポストレス親綱を設置し、墜落制止用器具を使用。③壁つなぎは効いているか。割付図に合わせる。④材料の揚げ降ろしの人員配置と合図の統一の徹底。			地階・内部 開口部、	
クレーン災害防止の徹底（移動式クレーン）	①クレーンの定格能力と吊り荷重を確認する。②玉掛ワイヤー、吊治具、クランプ類の点検。③クレーンの旋回範囲内の人払いの徹底。			移動式ラフタークタワークレーン	
新規入場者の教育と期間	①店社で乗込み教育と関係書類を元請に提出。②資格（特別教育）証は本証を提示させ確認。③入場後7日間は若葉マークとして新規の期間とする。			作業手順書の作成と承認作業計画書の作成と承認	

関係請負事業者	現場代理人	工　種	着工	○年○月　○日	構造　S・SRC造　B1　F9	
××建設株式会社		弍土工事	竣工	○年○月　○日	延面積12,200m²	建面積1,350m²

3. 安全施工サイクル　　　　　　　　　　4. 元方事業者確認欄

(1)毎日	①新規入場者教育	7:30～8:00	(2)週間	週間一斉清掃	金曜日	13:00～13:30		
	②朝礼	8:00～8:15		週間工程打合会	木曜日	13:30～14:00		
	③安全衛生ミーティング	8:15～8:20		週間・点検	金曜日	10:30～11:15	5. 元方事業者指導欄	
	④KY活動	8:20～8:30		安全衛生責任者会	月曜日	16:00～16:45		
	⑤安全衛生点検	10:30～11:00	(3)月間	特別安全衛生点検日	1日、15日	10:30～11:30		
	⑥安全工程打合せ	15:00～15:30		安全大会	第1月曜日	8:00～8:20		
	⑦終了時清掃	16:50～17:00		安全衛生協議会	第4金曜日	13:30～14:30		

実行計画

| 8 | 9 | 10 | 11 | 12 | 1 | 2 | 3 | 4 | 5 | 6 | 7 | 8 |

留意点

鉄筋　1.2節建方　　鉄筋　3.4節建方
外部垂直グリーンネット張り
水平セーフティネット張り
鉄骨梁上安全通路

- 作業前に全周を点検する。
- 仮ボルト取付本数を守り柱建方時にワイヤーを張る。
- 最下階の大梁取付と同時にネットを張る。
- 各節毎に設置し、引き戻しひもを忘れずに。

・足場
外部足場の組立て　　　解体
外部垂直メッシュシートと水平小幅ネットの設置と保守
床端部の手すり設置と水平ネット張り
レーン
の設置　盛替え　　解体
ロングスパン人荷用リフト　設置　延伸　解体

- 最初に取付け、最後まで残すこと。
- ロープを張れない箇所の代替工法を考える。
- 水平に取り付け、たわみとゆるみのないこと。
- 作業スペースの幅を確かめ、介借ロープを必ず使用。

- 部材重量リスト、作業計画等により手配する。
- 毎日始業前に点検し、不具合品の即廃棄。
- 打合せ時に作業の分散化と時間差化を図る。

指差し呼称とKY活動及び若葉マーク運動の展開

- 本人と面談し、体調の告知を忘れずに。
- 本証は常に携行させる。
- 単独作業を禁じ、徐々に慣れさせる。

表3-5　関係請負事業者の現場月間安全衛生計画の例

××建設株式会社△△△ビル新築工事

月 間 安 全 衛 生 計 画 表

項目／月日 6月	29 金	30 土	1 日	2 月	3 火	4 水	5 木	6 金	7 土	8 日	9 月	10 火	11 水	12 木	13 金	14 土
主要工程 1.B工区鉄骨建方準備作業																
①地下部足場解体、搬出				枠組足場解体・集積												
②構台組立、地下部補強作業	大梁下補強大型サポート取付												1階床上置構台(建方用車路)			
③開口部養生、飛来落下養生作業						1階開口部覆工板、厚鉄板取付										
2.地上階鉄骨建方(A工区)																
①鉄骨建方(100tレッカー)		3、4F梁取付														
②水平グリーンネット張り					水平ネット張り											
③外周部垂直グリーンネット張り					外周部垂直ネット張り											
④吊り足場整備、足場板敷き										W型吊り足場整備						
⑤鉄骨歪み直し、チェーン使用												鉄骨歪直し				
⑥鉄骨本締め、HTB締め														鉄骨本締		
⑦外部枠組み本足場組み立て						2、4F作業通路、材料置場										
⑧枠組用メッシュシート張り																
3.コア階段先行取付																
①本設鉄骨階段取付け																
行事	安責者・職長懇親会		全休日	安全大会	特別点検日			環境衛生委員会	全作業員親睦会	全休日	安全衛生責任者会	月例点検機械クレーン		店社安全パトロール	環境衛生委員会	安責者・職長懇親会
週間目標			クレーン災害の防止 / 鉄骨組立て作業の災害防止							墜落災害対策は各階水平ネット張り / 飛来災害対策は垂直グリーンネット						
実施事項			アウトリガーは最大限に張り出す / 鉄骨部材の重量を確認 / 親綱は梁に先行して取り付け / 梁の吊り治具はKYクランプを / 柱は安全ブロックを先行取付け							水平ネット下部のアキ、タルミは良いか / ネットの重ね合わせは十分にあるか / 端部の結束は良いか、破れはないか / 梁下、柱廻りのアキが生じてないか / 垂直ネットは節毎に合わせてあるか						

作成：○○年5月22日

事業所安全目標	墜落災害防止強調月間（先行しよう安全設備）	元方統責者	社長	安責者 作成者	職長各位 回覧確認
7月度安全目標	（全国安全週間）○○○○○○○○				

7月																	8月				
15	16	17	18	19	20	21	22	23	24	25	26	27	28	29	30	31	1	2	3	4	5
日	月	火	水	木	金	土	日	月	火	水	木	金	土	日	月	火	水	木	金	土	日

工程：
- 材料揚重搬出
- 1階外周部枠組足場組立
- 外周部朝顔養生設置
- 二節柱、5F大梁取付
- 6、7F梁取付
- 水平ネット張り
- 水平ネット張り
- 垂直ネット張り
- め HTB締め
- 外部枠組、本足場組立W1.2
- 枠組み用メッシュシート張り
- 2節コア部鉄骨建方
- 鉄骨階段5〜7階
- 本締め、踏段溶接

行事：
全休日 / 海の日 / 特別点検日 / 風紀厚生委員会 / 元方店社安全パトロール / 全休日 / 全休日 / 安全衛生責任者会 / 安全衛生協議会（災害防止協議会） / 車両運行委員会 / 店社安全パトロール / 安責者・職長懇親会 / 全休日 / 特別点検日 / 月例点検電気設備 / 安全大会 / 環境衛生委員会 / 全休日

重仮設材の取扱災害の防止	足場組立て時の墜落災害防止	鉄骨建方時の墜落災害防止
本締めボルト作業の落下防止対策	アーク溶接作業の災害防止	クレーン運転時の合図と玉掛け作業
レンフロ、BK型クランプは必ず点検	ポストレス親綱の設置と使用を厳守	親綱は先行して設置し、墜落制止用器具使用
1点吊りと重ね二段吊りは禁止する	足場の繋ぎは2層3スパン以内でとる	梁取付け時は柱のバンドに墜落制止用器具を
荷下ろし時は車上から降りて合図をする	小幅水平ネットを平行して張る	柱はタラップ取付け位置から昇降する
地切り確認と介錯ロープの使用厳守	専用アース線とアース取付状況確認	合図は無線と手信号を併用する
工具はすべて落下防止ひもで腰に結ぶ	溶接機の始業前点検と火花受措置	ITVカメラの設置クレーンを使用する

55

表3-6　関係請負事業者の現場週間安全衛生計画の例

<table>
<tr><td colspan="4" rowspan="3">××建設株式会社△△△ビル新築工事

週間安全衛生計画表
（安全衛生責任者　清瀬一郎）

自○○年7月2日～至○○年7月8日</td><td>事業所安全目標</td><td>墜落災害防止強調月間（先行しょう安全設備）</td></tr>
<tr><td rowspan="2">7月度第1週
安全目標</td><td>クレーン災害の防止</td></tr>
<tr><td>鉄骨組み立て作業の災害防止</td></tr>
<tr><td>月・日</td><td>曜</td><td>事業所行事</td><td>作　業　内　容</td><td>職　　長</td><td>作業主任者</td><td>作業員</td></tr>
<tr><td>6・29</td><td>金</td><td></td><td>梁下補強大型サポート取付け
鉄骨3、4F梁取付け</td><td>赤 井 鉄 一</td><td>
山 川 一 郎</td><td>6人
3人</td></tr>
<tr><td>6・30</td><td>土</td><td>安責者・職長懇親会
週間一斉清掃</td><td>梁下補強大型サポート取付け
鉄骨3、4F梁取付け</td><td>赤 井 鉄 一</td><td>
山 川 一 郎</td><td>6人
3人</td></tr>
<tr><td>7・1</td><td>日</td><td>全休日</td><td></td><td></td><td></td><td></td></tr>
<tr><td>7・2</td><td>月</td><td>安全大会
週間始業前点検</td><td>梁下補強大型サポート取付け
鉄骨3、4F梁取付け
B1機械室枠組み足場解体</td><td>赤 井 鉄 一</td><td>
山 川 一 郎
谷 山 欽 二</td><td>3人
3人
6人</td></tr>
<tr><td>7・3</td><td>火</td><td>特別点検日
(墜落・飛来落下点検)</td><td>梁下補強大型サポート取付け
鉄骨3、4F梁取付け
B1機械室枠組み足場解体</td><td>赤 井 鉄 一</td><td>
山 川 一 郎
谷 山 欽 二</td><td>3人
3人
6人</td></tr>
<tr><td>7・4</td><td>水</td><td>玉掛ワイヤー点検</td><td>1階開口部覆工板、厚鋼板取付け
3、4F水平ネット張り
外周部垂直ネット張り　3、4F
B1機械室枠組み足場解体</td><td>赤 井 鉄 一
白 田 二 郎
青 木 三 郎</td><td>

谷 山 欽 二</td><td>3人
3人
3人
3人</td></tr>
<tr><td>7・5</td><td>木</td><td>電動工具点検日</td><td>1階開口部覆工板、厚鋼板取付け
3、4F水平ネット張り
外周部垂直ネット張り　3、4F
B1枠組み解体材揚重・置き場集積</td><td>赤 井 鉄 一
白 田 二 郎
青 木 三 郎</td><td>

谷 山 欽 二</td><td>3人
3人
3人
3人</td></tr>
<tr><td>7・6</td><td>金</td><td>環境衛生委員会</td><td>1階開口部覆工板、厚鋼板取付け
外周部垂直ネット張り　3、4F
2、4F作業通路、材料置場組立</td><td>赤 井 鉄 一
青 木 三 郎
白 田 二 郎</td><td></td><td>3人
3人
7人</td></tr>
<tr><td>7・7</td><td>土</td><td>週間一斉清掃
作業員親睦会</td><td>1階開口部覆工板、厚鋼板取付け
外周部垂直ネット張り　3、4F
2、4F作業通路、材料置場組立</td><td>赤 井 鉄 一
青 木 三 郎
白 田 二 郎</td><td></td><td>3人
3人
7人</td></tr>
<tr><td>7・8</td><td>日</td><td>全休日</td><td></td><td></td><td></td><td></td></tr>
<tr><td>7・9</td><td>月</td><td>安全衛生責任者会</td><td>W型つり足場整備2、3、4F
1階開口部覆工板、厚鋼板取付け</td><td>
赤 井 鉄 一</td><td>山 川 一 郎</td><td>3人
3人</td></tr>
<tr><td>7・10</td><td>火</td><td>月例点検</td><td>W型つり足場整備2、3、4F</td><td></td><td>山 川 一 郎</td><td>7人</td></tr>
</table>

作成：○○年×月△△日

元方事業者	社長	安責者	職長各位	備　　考			
統責者		作成者	回覧確認				

安全実施事項	確認・評価	今週の実施事項	評価
玉掛者の選任、クレーン合図の徹底 墜落制止用器具は柱フックに取り付ける			
運搬は2人1組で台車を使用すること 親綱を張ってから玉掛ワイヤーを外すこと			
		鉄骨組み立て作業	
建込はレバーブロックで固定すること 道具類は安全紐で腰バンドに固定すること 解体の手順書を全員で確認する		1. クレーンのアウトリガーは最大限に張り出す 2. 鉄骨部材の重量確認 3. 親綱は梁に付け、先行して柱に固定する	
最初に水平根がらみを完全にとること 柱の昇降時は安全ブロックの使用を徹底 水平ネットは解体順序に合わせて外す		4. 梁の吊り治具はクランプ等を使用する 5. 各柱に安全ブロックを1箇所必ず取付けること	
開口部周りに立入禁止柵を設置する ネットの下部のタルミを確認する 節間より1m高くネット止を設置する 足場つなぎの盛り替えを先行すること			
ローリング足場はアウトリガーを出す 梁下、柱周りのスキマは生じてないか 梁の親綱に墜落制止用器具を必ず取り付ける 根がらみは最後に解体すること		ネット張り作業 1. ネットのタルミ、アキを最初に確認して設置する	
桁架設時には水平親綱を先行して設置 上下左右の重ねと張り具合を点検する 梁上に置く材料はレバーブロックで固定する		2. 上下左右のネットの重ね合せは十分に取る 3. 端部の結束、止めフックのピッチ、破れはないか	
桁下に水平ネットを先行して張ること 重ねは50cm間隔以内毎で結束する 桁架けは吊り足場を使用し水平移動する		4. 柱、梁周りにアキや隙間が生じていないか 5. 垂直ネットは節毎に重ね固定する	
梁の親綱から墜落制止用器具を取る 覆工板フックは4点掛けで水平に吊る			
端部足場板は2箇所以上固定する			

4 安全施工サイクル

4-1 安全施工サイクル

　現場で行う毎日、毎週、毎月等の基本的な安全衛生実施事項を定型化し、かつ、その実施内容の改善、充実を図りながら、継続的に実施する活動を「安全施工サイクル」と呼んでいる。

　安全施工サイクルの狙いは、次のとおりである。

① 施工と安全の一体化を図る

② 元方事業者あるいは他の関係請負事業者の協力関係の円滑化

③ 安全衛生活動を習慣化する

④ 安全の先取りのための創意工夫をする

⑤ 工事、安全に必要な事項を全員に周知する

1　毎日の安全施工サイクルの実施

　一般的な安全施工サイクルの例を**図4-1**に、また、安全衛生責任者の毎日のサイクルの例を**図4-2**に示す。

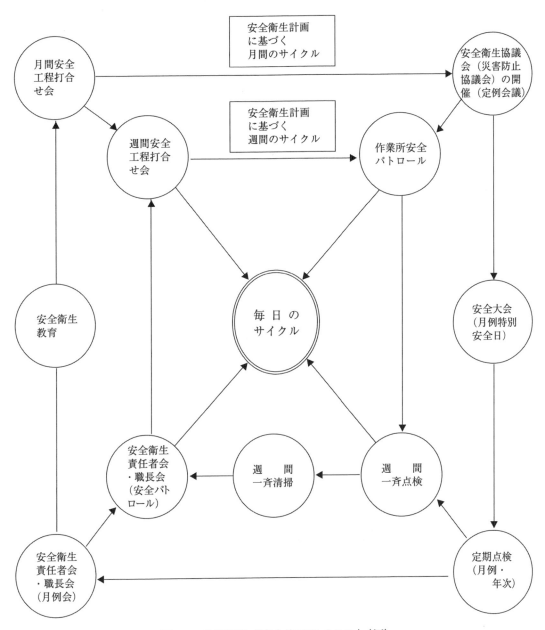

月間安全
工程打合
せ会

安全衛生計画
に基づく
月間のサイクル

安全衛生協議
会（災害防止
協議会）の開
催（定例会議)

週間安全
工程打合
せ会

安全衛生計画
に基づく
週間のサイクル

作業所安全
パトロール

毎日の
サイクル

安全衛生
教育

安全大会
（月例特別
安全日)

安全衛生
責任者会
・職長会
（安全パト
ロール）

週　間
一斉清掃

週　間
一斉点検

安全衛生
責任者会
・職長会
（月例会)

定期点検
（月例・
年次)

図4-1　作業所の「安全施工サイクル」（例）

安全施工サイクルのポイント（例）

	実施すべき活動	実施の形	い　　つ	どこで	だ れ が（だ れ と）
毎作業日	安　全　朝　礼	元方事業者と協力して実施	毎朝または作業開始前	作業所内の広場等	作業所全員
	安全ミーティング	自主的に実施	毎日の作業開始前	詰所、休憩所、作業場所等	安全衛生責任者、職長が中心となり作業員と
	安　全　点　検	自主的に実施	午前・午後の作業開始前	作業場所等	統括安全衛生責任者、係員、安全担当者 安全衛生責任者、職長、作業主任者、運転（取扱）者
	作業中の指導監督	自主的に実施・統括安全衛生責任者の指示事項を管理する	作業中随時	作業場所	統括安全衛生責任者、係員、安全担当者 安全衛生責任者、職長、作業主任者（および特定元方事業者）
	安全工程打合せ	元方事業者に協力して実施	毎日一定時刻に	元方事業者事務所	統括安全衛生責任者、係員、安全担当者 安全衛生責任者、職長
	持　場　片　付　け	自主的に実施	毎日作業終了5分前	作業場所、通路、材料置場	（作業場所）作業を行った業者 （通路、置場等の共用部分）特定元方事業者が指名
	終 業 時 の 確 認	自主的に実施	作業終了時	作業所全域とその周辺	係員、安全当番 安全衛生責任者、職長
毎週	週間安全打合せ	元方事業者に協力して実施	週1回、曜日、時刻などを決めて定例的	元方事業者事務所	統括安全衛生責任者、係員、安全担当者 安全衛生責任者、職長
	週　間　点　検	自主的に実施	週1回、週末などの定期に	設備・機械等の設置場所	安全当番、機電担当者、安全担当者 安全衛生責任者、職長、機電取扱者など
	週間一斉片付け	元方事業者に協力して実施	週1回、曜日、時刻を決めて定例的に	作業所内外全域	統括安全衛生責任者が指揮をとり、全員が実施
毎月	安全衛生協議会（災害防止協議会）	特定元方事業者に協力して実施	毎月1回以上定期的に	元方事業者事務所	統括安全衛生責任者、元方安全衛生管理者、安全担当者、本支店スタッフ 経営幹部、安全衛生責任者、職長等
	定期点検自主点検	自主的に実施	毎月1回定期に	設置場所	担当者、専門技術者、リース業者
	安 全 衛 生 大 会	特定元方事業者に協力して実施	毎月1日、15日など日時を決めて	作業所内の広場等	統括安全衛生責任者が中心となり、作業所全員
	職　　長　　会	自主的に実施	毎月1回以上定例的に	事務所等	各職の職長、統括安全衛生責任者はオブザーバー
随時	新規入場作業員の受け入れ教育	特定元方事業者と協力して実施	現場新規入場時	事務所等	安全担当者ほか、必要に応じて統括安全衛生責任者の立合い 安全衛生責任者、職長
	入場予定業者との事前打合せ	特定元方事業者と協力して実施	業者決定後入場半月または1カ月前	元方事業者事務所	統括安全衛生責任者、担当係員 店社幹部、安全衛生責任者、担当職長

なにを・どのように	なんのために
呼びかけ集め→ラジオ体操→全員挨拶→連絡調整と指示伝達→シュプレヒコール	心構えづくり、連絡調整（指示徹底） 指導教育と安全意識の高揚
・当日の作業（安全）指示（作業手配指示書に基づき） ・作業の危険予知 ・服装、体調のチェックなど	作業指示の徹底、作業間の連絡調整、 作業能率の向上、安全意識の高揚、 作業員の適性配置と健康管理等
材料、設備、機械等について点検 （点検表に記録し、結果を責任者に報告）	作業前、使用前の安全確認 （正常な状態での作業の実施）
作業の中で指示、打合せ、教育したことが実行されているかを監督・指導する。発見した不安全行動（および状態）について改善指導する。	安全に、良く、早く、安く、施工するため ・作業の流れとルールが守られているかをチェック ・異常の早期発見 ・点検の補完
翌日の作業調整・指示（作業手配指示書の作成）特に上下作業の時間帯の調整、作業方法の確認、危険箇所の周知、立入禁止の徹底	作業の連絡調整を含め、工事の安全、品質、 能率の確保
使用した材料、工具、不要材などの整理整頓 清掃、仮置材整理、集積場所などの整理整頓	・翌日の作業準備 ・作業環境の維持、災害防止、能率の向上
後片付け状況、火気の始末、重機のキー取外し、電源カット、 第三者防護設備等の確認（特定元方事業者へ報告）	安全、防火および盗難・第三者災害などの防止
前日までの経過と評価、各職間の作業調整と予定危険箇所の周知、通路、 仮設物の設置・段取替え等	作業工程の円滑な進捗（能率向上） 混在作業による危険防止
作業環境、設備、機械、工具類等を点検表を用いて点検する。	能率の向上、災害の未然防止 （より良好な状態の保存）
不要材の搬出準備、未使用材の整理、主要通路の確保	作業環境の安全化、所内の規律維持、能率の向上、 翌週の準備など
規約に従い、月間（工程）計画、各職間の作業調整、発生災害の原因対策検討、教育訓練等の行事予定、その他提案事項を審議	統括管理の円滑な運営、混在作業に伴う諸問題の解決、災害の未然防止
法定の機械、設備について点検・検査（所定の点検表により）	機械・設備管理の向上 災害の未然防止
前月の安全衛生実績の評価、今後1カ月の工程説明、具体的安全衛生対策の説明、安全表彰など（災害事例等を引用して）	安全衛生意識の高揚
自主的に勉強会、現場巡回、意見具申、レクリエーション 自動販売機等の運営	相互の意思疎通、連帯感向上 自主性、積極性の向上
当作業所の規律等注意・指示事項、現場の特殊性と具体的な安全対策、健康状態、資格等の確認、KYT（手引、心得等のパンフレットを準備）	作業所内の規律維持、災害防止と生産性の向上、 安全意識の高揚
計画、施工計画、作業要領、使用機械等について打ち合わせる （予測災害対策表、作業標準を作成のうえ）	作業の円滑な進捗（生産性の向上） 災害の未然防止

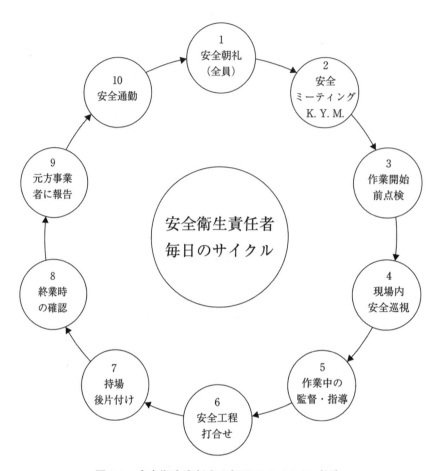

図4-2　安全衛生責任者の毎日のサイクル（例）

（1）安全朝礼

　　安全朝礼は、作業を開始する前の心構えをつくる場である。併せて行われる体操は、作業者の身体的ウォーミングアップ、健康管理に有効な手段である（**図4-3**）。

　①　司会等の役割分担

　　　安全朝礼は、元方事業者の職員のみで運営進行するのではなく、安全衛生責任者も協力して、運営する。

　②　作業開始する前の心構えをつくる

　　　職場規律の確保・安全意識の高揚等を中心とした、作業者全体の一体感を醸成するよう考えて進める。

　③　朝礼の実施内容

　　　実施内容の例を**図4-3**に示す。

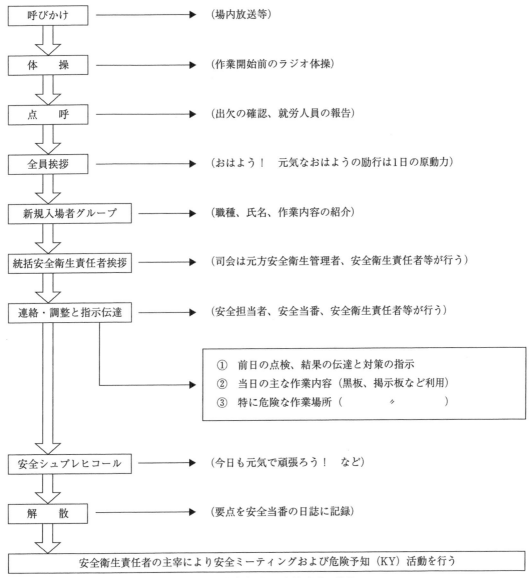

図4-3 安全朝礼の実施内容（例）

（2）安全ミーティング

　安全朝礼においての伝達事項は、作業所全体に共通的事項を列挙するに留まることが多いので、安全ミーティングでは、安全衛生責任者を中心に自社のその日の作業内容、作業方法、人員配置、安全上の注意事項についての指示、連絡調整を行う。特に作業に対する危険性について作業者からの発言を求め、安全対策の決定に関わっているという参画意識により、決定事項の実施に責任を持たせる。

安全ミーティングの流れの例を次に掲げる。

① 安全衛生責任者がリーダーになって進める。

② 全員の服装、体調などをチェックする。

③ グループ責任者を指名するとともに、その日の人員配置、作業予定を指示する。

　そのためには、安全衛生責任者は、前日の元方事業者との安全工程打合せ会の結果に基づき、前日中に自ら監督業務を果たせるような計画を作っておく。（段取り、手配、指示、点検、確認等の事項）

④ 作業予定については、5W1Hの手法でなるべく簡潔・明瞭に説明する。

《5W1H》

なぜ（why）	作業目的（後工程との関連を簡潔に）
なにを（what）	作業の内容（使用資・機材とその数量などを含めて）
いつ（when）	作業の時間（例えば、何時までに、午前中に、本日中に）
どこで（where）	作業場所（具体的な地点、箇所、範囲等）
だれが（who）	作業員の配置（必要な資格等を確かめて指名）
どのように（how）	具体的な作業方法、手順とその急所、品質と安全確保のポイント等

⑤ 他業種との連絡・調整事項などを伝達あるいは確認する。

⑥ KY活動を現地で実施する。

⑦ 実施状況を安全衛生責任者が確認・記録する。

(3) 作業開始前点検

　作業場所が安全かどうか、法令等を参照のうえ点検事項を定め、作業前に点検する。

　また、安全装置、保護具などは、導入時に所定の性能を有していても、使用時間の経過とともに材質が劣化したり、部材が摩耗したりして、機能の低下が生じてくるので作業前点検を実施する。

・フォークリフト（安衛則第170条）、高所作業車（安衛則第194条の27）、電気機械器具等（安衛則第352条）、足場（安衛則第567条）、クレーン（クレーン則第36条）、ワイヤロープ等（クレーン則第220条）、ゴンドラ（ゴンドラ則第22条）

(4) 現場内安全巡視

　場内巡視は、作業の進捗状況を把握するとともに、安全衛生責任者が作業者に指示した事項が、作業でいかに実施されているか点検する（**図4-4**参照）。

可搬式作業台に足場板を渡すなど専用機材以外を使用するのは禁止

① 場内巡視の種類

　　安全衛生責任者自身による場内巡視の他には、次のような種類がある。

a　統括安全衛生責任者または元方安全衛生管理者による場内巡視

b　安全当番（安全週番）による場内巡視

c　安全衛生責任者会、職長会による巡視

d　点検担当者による巡回（自社の専門技術部門またはメーカー等）

e　元方事業者、関係請負事業者の店社安全衛生担当者による巡回

② 巡視は、作業場所のほか資材置場、加工場、休憩所、宿舎等も対象とすること。

③ 巡視等の結果は、所定のチェックリスト等に記録して、工事終了まで保存しておくこと。

④ 場内巡視の重点

　　場内巡視は、その種類に応じて、次の事項について実施状況の確認を重点に実施する。

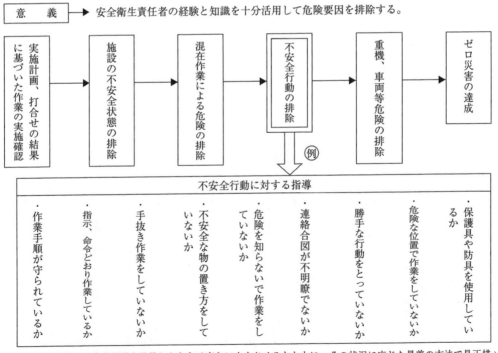

図4-4　場内巡視の重点

(5)　作業中の監督・指導

　作業状況の把握に努め、不安全作業があれば直ちに的確な指導を行う。

　現状の不安全状態の是正は当然で、このまま作業を進めていくとどんなリスクが生じるかにまで考えをめぐらせ、予防安全に努める。

(6)　安全工程打合せ

　安全衛生責任者は、当日の作業の進行状況を報告する。

　翌日の実施作業については、連絡調整を図るとともに、安全対策を確認する。

(7)　持場後片付け

　後片付けは、翌日の作業の準備であるとともに、良好な作業環境を維持することによって、災害の防止と作業能率の向上を図ることができるので、毎日終業前の5分から10分間、次の事項について行う。

　①　不要材、発生材の指定場所への集積

　②　安全通路・詰所等共用部分の整理、清掃

　③　翌日の使用工具、器具、材料等の準備、確認等

(8)　終業時の確認

　安全衛生責任者は、自社の作業区域内の作業後の整理・整頓・清掃状況、火気の後始末および使用機械工具などの電源カット等を確認する。翌日の作業場所でのリスクも現地を見て確認しておく。また、必要な事項は作業日誌等に記録しておく。

(9)　元方事業者に報告する

　①　当日の予定作業の進行状況の確認

　　　安全衛生責任者は、作業終了時に当日の予定作業が、計画打合せどおりに進行したかどうか確認し、元方事業者に報告する。その際、一部の作業に遅れが生じ関連作業に影響が出るような事態になっている場合は、関係する安全衛生責任者等と翌日の作業内容を再調整しなければならない。作業内容等の変更に伴い、安全指示事項も一部変更される場合もあるので、特に注意する必要がある。

　②　翌日の作業についての安全指示事項などの再確認

　　　元方事業者への作業終了報告時に、当日の安全工程打合せ会で決定した事項、あるいは安全指示事項などを双方で再確認し、これを翌日の安全ミーティングで

確実に自社の一人ひとりの作業者に周知する。

（10）安全通勤

現場への通勤に、マイクロバスや自家用車を使用することが多いが、交通災害にあう可能性も高い。

安全衛生責任者としては、102ページの「交通労働災害防止のためのガイドライン」を踏まえて、各種対策を積極的に実施する。

2　週間の安全施工サイクルの実施
（1）週間安全工程計画

週体制の導入により、週間単位で作業を進めているので、1週ごとに週間安全工程計画を立案し、それにより事前の段取り、手配の調整などを行う。

（2）週間点検

毎日の点検とは違った観点から、人、物および管理面について、点検対象、範囲、担当者等を明らかにして実施する。

（3）週間一斉片付け

週間一斉片付けでは、特に共用部分を中心に、曜日、時間を定めて、後片付けと清掃を実施する。

3　月間の安全施工サイクルの実施
（1）安全衛生協議会（災害防止協議会）

元方事業者により、混在作業における労働災害の防止のため、すべての関係請負事業者を対象とした協議組織が編成されるので、安全衛生責任者は積極的に参加する。

（2）定期自主検査

定期自主検査の対象は、主に機械、設備等であり、法令で定められた検査項目を主にして、定期に検査する。このため、あらかじめ検査基準と検査者を定めて検査を実施する。

(3) 安全衛生教育

現場で働く作業者の災害防止に関する知識、技能、態度、問題解決能力などの水準の向上を図るため、その現場の実情に即した安全衛生教育を行う。教育講師については、専門知識のみならず、教育理論、教育技法等が必要である。

(4) 安全衛生大会

安全衛生意識の高揚を図るため、毎月1回、日時（例：毎月1日の13時など）を定めて、元方事業者および関係請負事業者の作業者全員が参加して、30分程度、前月度の安全衛生実績の評価を行い、今月度の工程および具体的な安全衛生対策の説明と、安全衛生活動等に対する貢献者を対象に表彰などを行う。

4-2 危険予知活動（KY活動）

1 危険予知活動とは何か

危険予知活動とは、

① 職場や作業の状況を描いたイラストシートを使って、

② あるいは、現場で現物で、作業をさせたり、作業をしてみせたりしながら、

③ 職場や作業の状況の中にひそむ "危険要因"（労働災害や事故の原因となる可能性のある不安全行動や不安全状態）とそれが引き起こす "現象（事故の型）"を、

④ 職場小集団で話し合い、考え合い、分かり合って（あるいは一人で自問自答して）、

⑤ 危険のポイントや行動目標を指差し唱和したり、指差し呼称で確認したりして、

⑥ 行動する前に安全を先取りする活動をいう。

危険予知活動は、危険のK、予知のY、活動のKをとって、「KY活動」あるいは「KYK」ともいう。

2 危険予知活動のすすめ方

① KY活動の実施場所

KY活動は、作業場所で現地の状況を確認しながら行うと効果があがる。また、作業場所の事前点検の実施にもなる。

② 行動目標・対策の実施状況のチェック

KYボードは、作業場所に掲示して、作業の途中や現場での休憩中にも随時内

容を確認し、対策の実施状況をチェックして不安全行動の歯止めにすることが効果的である。

③　作業終了時の反省

安全衛生責任者、作業主任者、作業指揮者等は作業終了時に、グループ全員をKYボードの前に集合させ、当日のKYで決定した行動目標（対策）の実施状況を反省させ、その必要性を再認識させる。

（言い放し、やりっ放しでチェック、フォローを欠くことがマンネリ化に陥る最大の原因となる）

3　危険予知活動の効果

ヒューマンエラー事故を防止し、職場の事故や災害をゼロにする上での問題点の一つは、その作業について「知識」もあり、「技能」もあるのに、不注意であったり、手順どおりにやらなかったり、安全心得を無視したために事故が起こっている事実である。このように「知っているのに、できるのにやらない」理由としては、

①　感受性が鈍く、危険を危険と気付かずやらなかった。

②　ついウッカリ、ボンヤリしてやらなかった。

③　はじめからやる気がないのでやらなかった。

という3つのケースが考えられる。

これらを防ぐためには、

①に関しては感受性を鋭くする

感受性を鋭くするには、危険予知活動を毎日毎日、繰り返し行うことによって、危ないことを危ないと感じる感覚、危険に対する感受性を鋭くする。

②に関しては集中力を高める

危険予知活動を作業行動の要所要所で、指差し呼称や指差し唱和をすることによって集中力を高めることができる。指差し呼称は意識レベルを正常でクリアな状態にギアチェンジするのに有効である。また、行動目標の指差し唱和も、チームの集中力を高め、一体感、連帯感を強める。

③に関しては実践への意欲を強める

実践への意欲を強めるには、「何が危ないか」、「どんな危険が潜んでいるか」といった危険に対する本音の話し合いの中で、やろう、やるぞの実践活動への意気込みを強めることである。

4-3 新規入場者教育

1　教育の対象者（表4-1参照）

① 当該現場に初めて入場し、就労する作業者

② 当該現場で入場者教育を受けたが退場し、長期間を経過後再度入場した者

2　教育の内容

① 安全衛生計画の概要

② 安全衛生に関する規定

③ 作業内容と具体的な労働災害防止対策

④ 作業者が作業を行う場所

⑤ 危険・有害箇所と立入り禁止区域

⑥ 指揮命令系統

⑦ 避難の方法

3　教育の資料

新規入場者教育に使用する資料としては、次のようなものがある。

① 工事の概要書（配置図、基準平面図、断面図や主要構造図）

② 総合施工計画図（総合仮設配置図、工法・手順図）

③ 全体工程表と現在の工事進捗状況

④ 安全衛生計画

⑤ 安全衛生体制（組織図、顔写真など活用）

⑥ 安全通路、喫煙所、休憩所、トイレなどの身近な施設

⑦ 作業所特有のルール、注意事項

⑧ 事故・災害時の緊急体制

4　教育担当者

安全衛生責任者が現場で実施する。内容によっては元方事業者に依頼する。

表4-1　新規入場者教育の実施者と時期（例）

教育の種類	安全衛生責任者、職長の乗り込み教育	作業者の送り出し教育	作業者の受け入れ教育
教育の場所	自社の事務所内で		現場の打合せ室内で
教育の実施時期	乗り込みの2～7日前に実施	送り出しの前日に実施	朝礼または作業の着手前に実施
教育の実施者	関係請負事業者		安全衛生責任者

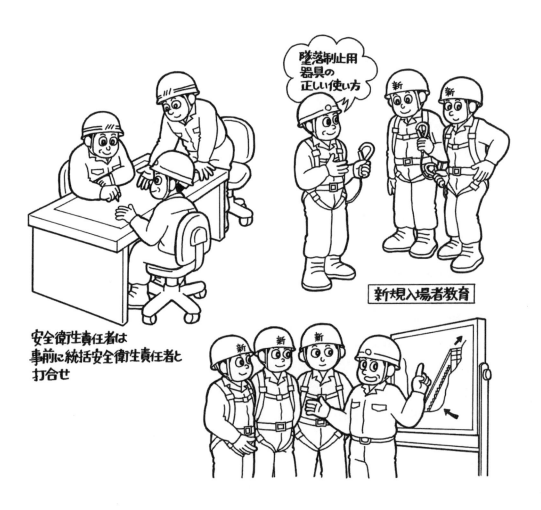

5 安全工程打合せの進め方

5-1 毎日の安全工程打合せ会

（目的）

　毎日、一定の時間を決めて「安全工程打合せ」を行う目的は、混在作業による労働災害の発生を防ぐため、安全衛生責任者等の関係者全員が集まり、工事全体の進捗状況および各現場で行われている作業状況を正しくつかんだ上で、今後の作業実施の詳細について打合せを実施することにより、安全を確保するためである。

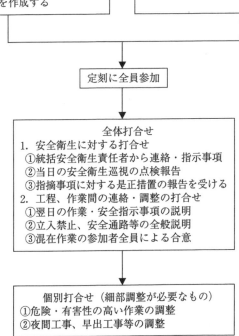

図5-1　安全工程打合せ会の流れ

1　毎日の打合せの開催要領

（1）安全関係の打合せ事項のあらまし

　安全工程打合せは、施工計画に基づいて、関係請負事業者の工程管理上の調整をするとともに、安全管理について打ち合わせる。

①　当日の工事進捗状況を報告し、翌日の作業を調整する

②　混在作業による危険の防止

③　共用機械類（クレーン、建設機械等）の使用の調整

④　共用する設備（足場、桟橋、作業構台、通路等）の使用調整

⑤　危険箇所などの周知（立入禁止区域を含む）

⑥　計画が変更された作業

⑦　新工法による作業

⑧　新たに着手する作業

⑨　非定常作業

　⑥〜⑨の作業については、使用機械、使用材料、使用工法、作業手順、作業人員等について特に入念に打ち合わせる。

(2) 打合せの出席者

　元方事業者：統括安全衛生責任者、元方安全衛生管理者、安全当番、防火責任者等

　関係請負事業者：安全衛生責任者

(3) 開催場所、時間等

　開催場所：元方事業者会議室等

　時間：午後3時から30分ぐらいの時間が多いが、手配の都合上、午前11時30分か

　　　　らの現場もある。

2　打合せの進め方（図5-1参照）

(1) 出席者の心構え（元方事業者の指示についての対応）

　会議においては、まず、元方事業者の工事計画、工程に基づく作業指示が順次各関係請負事業者ごとに行われるので、その際、出席した安全衛生責任者は、自社の担当作業について確認するだけでなく、他社の作業が自社の作業の安全にどう関係するかを考慮する。

(2) 打合せの細部の調整

　全体的な打合せの後、危険性の高い作業（例えば移動式クレーンや車両系建設機械を使用するとき、架空電線に近接して作業するときなど）は、元方事業者の担当者を交えての綿密な打合せが必要である。

3　打合せに基づく措置

(1) 安全工程打合せ書、作業指示書（安全衛生指示書）（95ページ参照）

　打合せの結果は、関係請負事業者ごとに作業指示書などの書類にして渡される場合が多いので、出席者は、それぞれ書類の内容が打合せの内容と相違ないか確認して受領する。もし、不明確なことや打合せと違うことなどがあれば、その場で申し出る。

(2) 作業者および機械の手配

　安全衛生責任者は打ち合わせた作業計画、作業手順に落ちがないか入念に検討した後に、翌日の手配をする。

（3）作業者に対する周知

　作業者には、朝礼あるいはその後の安全ミーティングにおいて、安全打合せの内容を簡潔に、要領よく伝達する。

（4）打合せ事項の実施状況の把握

　安全衛生責任者は、実施状況について十分把握し、記録する。

4　打合せと異なる作業時の措置

　現場への資材搬入の遅れ等により、作業内容が打合せと異なる段取り、手順を必要とする場合がある。この場合、安全衛生責任者は、作業変更の内容により、次のいずれかの措置を決定する。

　①　元方事業者および関係する安全衛生責任者に連絡した上で作業を続行する。

　②　作業を一時中断し、元方事業者、関係請負事業者と打合せを行い、調整終了後、作業を再開する。

　③　作業を全面的に中止、安全工程打合せ会の際に詳細調整し、段取り完了後、作業を再開する。

5-2 安全衛生協議会（災害防止協議会）

　元方事業者は、すべての関係請負事業者（安全衛生責任者）をメンバーとした、安全衛生協議会（災害防止協議会）を定期的に開催するので、安全衛生責任者は積極的に参加する。

1　安全衛生協議会（災害防止協議会）の構成

　協議会は統括安全衛生責任者が議長となって、工程に関連するすべての関係請負事業者を参加させて、災害防止に関する事項を協議する。

①　協議会は、規約を作成して運営することとし、月1回以上、定期的に、会議を招集すること。

②　協議組織の構成員には

（元方事業者）

　a　統括安全衛生責任者、元方安全衛生管理者

　b　元方事業者の現場職員（安全当番等）

　c　元方事業者の店社（共同企業体にあっては、これを構成するすべての事業者の店社）の店社安全衛生管理者または工事施工・安全管理の責任者

（関係請負事業者）

　d　安全衛生責任者

　e　関係請負事業者の店社の経営幹部、工事施工・安全管理の責任者等

2　協議の内容と記録

（1）協議事項

　協議会において取り上げる事項については次のようなものがある。

　a　労働災害の発生状況および原因、再発防止対策

　b　店社あるいは労働基準監督署からの指導に基づく事項

　c　月間または週間の工程計画

　d　機械設備等の配置計画

　e　車両系建設機械を用いて作業を行う場合の作業方法

　f　移動式クレーンを用いて作業を行う場合の作業方法

　g　労働者の危険および健康障害を防止するための対策

  h 健康づくりに関する事項

  i 安全衛生教育の実施計画

  j 公衆災害

  k 環境問題

(2) 会議の通知および記録

 協議会の開催通知は、あらかじめ、協議事項を記載した文書で行う。

 ① 会議議事録には、会議における決定事項、連絡事項のほか、出席者名（会社名、役職名、重層区分）および出席者個々の発言の要旨を記入しておくこと。

  ・出席者名は各自に署名させる。

  ・議事録は、欠席した関係請負事業者にも必ず配布して結果を周知させる。

 ② 協議会において決定された事項は、安全衛生責任者から関係者に周知させること。

（3）新たに作業を行う関係請負事業者に対する通知

　新たに作業を行うことになった関係請負事業者に対し、当該作業開始前に過去に開催した協議会の議事録より、当該関係請負事業者に関係する事項を選んで周知すること。

　（当該協議会の開催以降、次の開催までに新たな作業を行うことになる新規請負事業者を当該協議会に参加させることも一方法である。）

5-3 安全先取り活動

1　安全先取りの職場づくり

　「作業中に予想される危険・有害要因と防止対策を考えてから作業にかかること」が安全の先取りである。

　安全衛生責任者は「安全を考えれば考えるほど、災害を効果的に防止できる」ことを身を持って知っている。災害発生後の再発防止対策事項を見ても、「なぜ先に考えて対策を講じなかったのか」と発生後に悔やんでも悔やみきれないことばかりである。

2　安全衛生責任者が率先垂範する

　安全の先取りを計画的に進めていくためには、安全工程打合せ会、安全衛生協議会（災害防止協議会）への参加とあわせ、安全衛生責任者自身が、作業のなかで常に問題意識をもって現状を観察しなければ、危険・有害要因を見いだすことができない。

　安全衛生責任者が問題を発見するためには、職場の「本来の安全作業とはどうあるべき姿」なのか、明確な基準を持っていなければならない。

　基準は、法令・社内規程・作業標準・作業指示のみならず、施工サイクル、管理・監督行為、新規入場者教育等の安全活動のすべてにわたるものである。

　よって基準は事業者が定めた事項ばかりではなく、安全衛生責任者自身が定めて実施する事項が少なくない。

　したがって、安全衛生責任者の行動と発言は、作業者に「職場のトップは何を考え、何を意識しているのか」敏感に伝わり、結果が行動に表れてくる。安全衛生責任者は、安全活動を表す職場の顔であることを忘れないで欲しい。

資　　料

◇本項では◇

　安全衛生責任者がその役割を十分に果たすために参考とすべき、作業計画書の例、危険予知訓練モデルシート、レポートの例、連絡・調整業務の事例研究、関係法令等を掲載する。

6-1 関係通達

職長・安全衛生責任者教育カリキュラム

平成12年3月28日基発第179号通達
改正　平成13年3月26日基発第178号通達
改正　平成18年5月12日基発第0512004号通達

教　科　目	時　　間
作業方法の決定及び労働者の配置に関すること 　　作業手順の定め方 　　労働者の適正な配置の方法	2時間
労働者に対する指導又は監督の方法に関すること 　　指導及び教育の方法 　　作業中における監督及び指示の方法	2.5時間
危険性又は有害性等の調査及びその結果に基づき講ずる措置に関すること 　　危険性又は有害性等の調査の方法 　　危険性又は有害性等の調査の結果に基づき講ずる措置 　　設備、作業等の具体的な改善の方法	4時間
異常時等における措置に関すること 　　異常時における措置 　　災害発生時における措置	1.5時間
その他現場監督者として行うべき労働災害防止活動に関すること 　　作業に係る設備及び作業場所の保守管理の方法 　　労働災害防止についての関心の保持及び労働者の創意工夫を引き出す方法	2時間
安全衛生責任者の職務等 　　安全衛生責任者の役割 　　安全衛生責任者の心構え 　　労働安全衛生関係法令等の関係条項	1時間
統括安全衛生管理の進め方 　　安全施工サイクル 　　安全工程打合せの進め方	1時間

（注）1. 必要に応じて演習を行うこと。

　　　2. 示された時間は最低時間を示すものである。

　　　3. 上記「職長・安全衛生責任者教育カリキュラム」は労働安全衛生規則（昭和47年労働省令第32号）第40条に規定する職長等の教育に建設業における安全衛生責任者教育の科目を加えたものであり、既に修了した教育カリキュラムにおいて修めていなかった科目について受講すれば足りるものとされている。

6-2 安全衛生責任者会会則の例

（名称）

第1条　本会は「○○○ビル△△作業所安全衛生責任者会」と称し、事務局を△△作業所事務所に置く。

（目的）

第2条　本会は、工事施工に当たり、安全衛生責任者が相互の連絡調整を密にすることにより、関係請負事業者の自主的な安全衛生活動を推進する。

（活動）

第3条　本会は、目的を達成するために、以下の活動を行う。

1. 安全、衛生、環境を確保するための活動
2. 作業者への教育活動
3. その他安全衛生活動に資する事項

（会員）

第4条　会員は安全衛生責任者によって構成される。

（組織）

第5条　会に次の役員を置く。

(1) 会長：1名

本会を代表して、統括業務を行う。

(2) 副会長：1名

会長を補佐し、会長が不在の場合は職務を代行する。

(3) 安全分科会長：1名

(4) 労働衛生分科会長：1名

(5) 環境分科会長：1名

(6) 車両分科会長：1名

(7) 会計：2名

(8) 会計監査：2名

（選出）

第6条　各役員の選出は次の通りとする。

(1) 会長及び副会長は、会員が選出する。

(2) その他の役員は会長が、会員の承認を得て任命する。

（会員の義務）

第7条　会員は、会議に必ず出席し、やむを得ない事由で出席出来ない場合は、会長に届出のうえ、代理人を出席させる。会員は、原則としていずれかの分科会に所属して活動すると共に、会議の決定事項については、作業者に周知徹底を図らねばならない。

（会議の開催）

第8条　定例会議は毎月1回開催し、臨時会議は会長が招集する。各分科会は毎週1回開催し、分科会長が招集する。会議及び分科会は△△作業所職員を、オブザーバーとして出席させることができる。

（決議）

第9条　会議の討議事項は、会員出席者の3分の2以上の賛同をもって決定する。

（入会及び退会）

第10条　安全衛生責任者は工事着手と同時に入会し、工事完了時に退会する。

（顧問）

第11条　統括安全衛生責任者（作業所長）、元方安全衛生管理者（工事主任）、衛生管理者（事務長）を顧問とする。顧問は会議に出席して、意見を述べることができる。

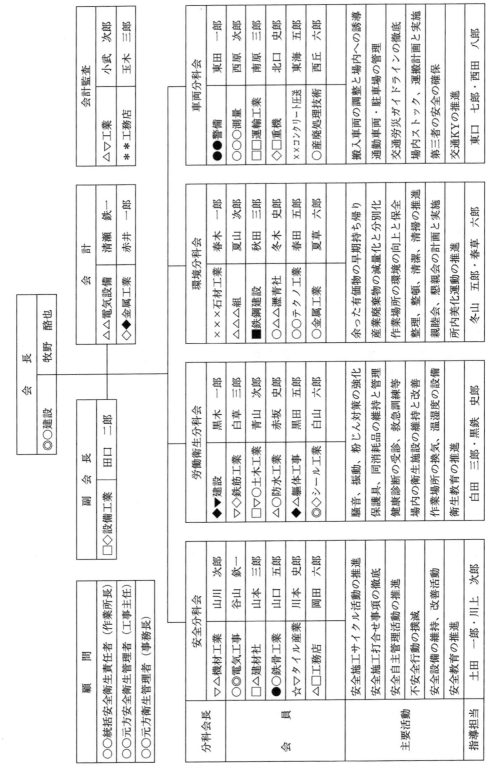

安全衛生責任者会組織表の例

顧　問	
○○統括安全衛生責任者（作業所長）	
○○元方安全衛生管理者（工事主任）	
○○元方衛生管理者（事務長）	

会　長	○○建設　牧野　酪也
副会長	□◇設備工業　田口　二郎

会計監査	
△▽工業	小武　次郎
＊＊工務店	玉木　三郎

会　計	
△△電気設備	清瀬　鉄一
◇■金属工業	赤井　一郎

安全分科会

分科会長	
会員	▽△機材工業　山川　次郎
	○○電気工事　谷山　鉄一
	□△建材社　山本　三郎
	●○鉄骨工業　山口　五郎
	☆▽タイル産業　川本　史郎
	△□工務店　岡田　六郎

主要活動
- 安全施工サイクル活動の推進
- 安全施工打合せ事項の徹底
- 安全自主管理活動の推進
- 不安全行動の撲滅
- 安全設備の維持、改善活動
- 安全教育の推進

指導担当　土田　一郎・川上　次郎

労働衛生分科会

会員	◆▼建設　黒木　一郎
	▽○鉄筋工業　白草　三郎
	□▽土木工業　青山　次郎
	△○防水工業　赤坂　史郎
	◆△躯体工事　黒田　五郎
	◎◇シール工業　白山　六郎

主要活動
- 騒音、振動、粉じん対策の強化
- 保護具、同消耗品の維持と管理
- 健康診断の受診、救急訓練等
- 場内の衛生施設の維持と改善
- 作業場所の換気、温湿度の推進
- 衛生教育の推進

指導担当　白田　三郎・黒鉄　史郎

環境分科会

会員	×××石材工業　春木　一郎
	△△△組　夏山　次郎
	■鉄鋼建設　秋田　三郎
	△△△瀝青社　冬木　史郎
	○○テクノ工業　春田　五郎
	○金属工業　夏草　六郎

主要活動
- 余った有価物の早期持ち帰り
- 産業廃棄物の減量化と分別化
- 作業場所の環境の向上と保全
- 整理、整頓、清掃、清潔の推進
- 親睦会、懇親会の計画と実施
- 所内美化運動の推進

指導担当　冬山　五郎・春草　六郎

車両分科会

会員	●●警備　東田　一郎
	○○○測量　西原　次郎
	□□運輸工業　南原　三郎
	◇□重機　北口　史郎
	××コンクリート圧送　東海　五郎
	○廃棄処理技術　西丘　六郎

主要活動
- 搬入車両の調整と場内への誘導
- 通勤車両・駐車場の管理
- 交通労災ガイドラインの徹底
- 場内ストック、運搬計画と実施
- 第三者の安全の確保
- 交通KYの推進

指導担当　東口　七郎・西田　八郎

6-3 関係請負事業者が自ら注文者となった場合の、特定機械を使用し特定作業をするときの安全措置

（1）特定機械を用いて特定作業を行う場合の講ずべき事項

　建設現場において二以上の事業者の作業者が、共同で安衛則に定められた機械（特定機械）を用いて、定められた作業（特定作業）を行う場合については労働災害を防止するため、次の措置を行う義務がある（安衛法第31条の3）（**図6-1、表6-1**）。

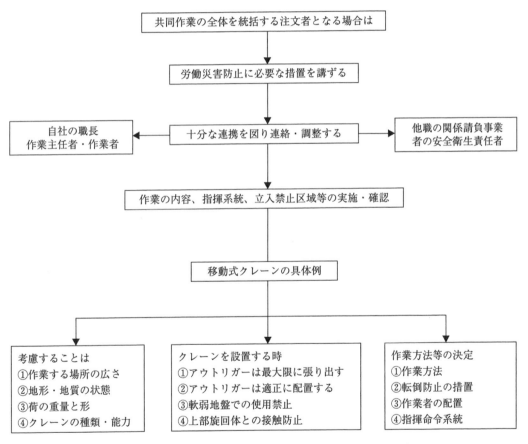

図6-1　特定機械を用い共同作業をする場合の特定注文者の講ずべき措置

① 特定機械および特定作業とは（**表6-1**）

表6-1　特定機械による特定作業

特定機械　安衛則662条の5	特定作業　安衛則662条の6、7、8
パワーショベル、ドラグショベル、クラムシェル（機体重量が3トン以上で土止め用矢板等の荷のつり上げに使用する場合）【安衛則第164条で主たる用途以外の使用は禁止されている】	荷のつり上げ作業時の運転や玉掛けまたは誘導の作業等
くい打機、くい抜機、アースドリル、アースオーガー	運転、作業装置の操作、玉掛け、杭のたて込み、杭の接続作業、誘導の作業等
移動式クレーン（つり上げ荷重が3トン以上）	運転、玉掛け、合図の作業等

② **図6-2**は、一次請負事業者が特定作業の全部を請け負い、仕事を自ら行うとともに、二次請負事業者に作業の一部分を請け負わせて共同作業をする場合である。この場合の安全措置義務者は一次請負事業者である。

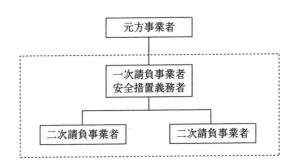

図6-2 ::::: 内の作業者が特定作業

③ 元方事業者が複数の事業者に特定作業の全部を請け負わせ共同で作業させ、連絡調整を行うべき者がいないときは、安全措置義務者を指名する等の配置をしなければならない。**図6-3**にその例を示す。

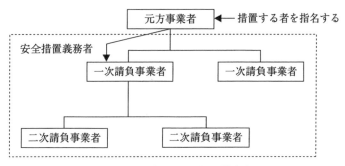

図6-3 ⬚内の作業者が特定作業

(2) 関係請負事業者がリース、レンタル機器を使用する場合の安全管理

　リース、レンタル業者から、機械等の貸与を受けて使用するときは、安全を確保するために、次のような措置を行う（安衛法第33条第1項）（**図6-4**参照）。

　① 対象となる機械（安衛令第10条）

　　a つり上げ荷重0.5トン以上の移動式クレーン

　　b 車両系建設機械等（解体用機械、掘削等の車両系建設機械）

　　c 不整地運搬車

　　d 高所作業車（作業床の高さが2メートル以上）

　② 借入機械に関する措置（安衛則第666条、第667条）

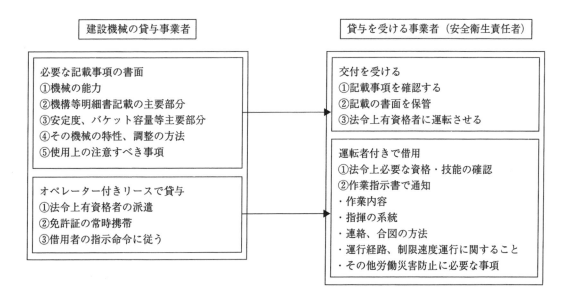

図6-4　リース機械に対する措置

6-4 安全衛生計画を作成する場合の実施項目の定め方の例

(1) 根切り工事（掘削面の高さが2m以上）

重点実施項目	ドラグショベルおよびダンプトラックによる災害の防止
作 業 状 況	① ドラグショベルによる掘削と積み込み作業 ② ダンプトラックの誘導と清掃 ③ 根切り底のレベル出し

予想される災害	① 誘導者が重機にはさまれる ② 誘導者、測定者がバケットで激突される ③ 周囲の土留め面から墜落する ④ 根切り底に降りる時、飛び降りる
具 体 的 対 策	① 地山掘削の作業主任者を配置して指揮を執らせる ② 立入禁止を示すバリケードを設置する ③ 周囲の土留め面には、手摺りを設置する ④ 根切り底へ降りる昇降階段を設置する

(2) 軀体（型枠、鉄筋）工事

重 点 実 施 項 目	墜落災害の防止　　　足場の倒壊災害の防止
作 業 状 況	① 柱の主筋を立てる配筋作業 ② 鉄筋を取り込み立てる作業 ③ 主筋を接続するガス圧接の段取り ④ 開口部から型枠材料の荷揚げ

予想される災害	① 寄り立てた鉄筋により足場が倒壊する ② 脚立の単独使用により墜落する ③ 開口部から墜落する ④ 外壁面と足場の間から墜落する
具 体 的 対 策	① 軀体工事中は、足場の繋ぎの盛り換えを手順通りに行う ② 開口部は手摺りを設置する。手摺りの高さで水平ネットを張る ③ 脚立は2脚以上とし足場板敷き（幅40cm以上）とする ④ 鉄筋の柱頭には、防護キャップを取り付ける ⑤ 外壁面と足場のすき間には、小幅ネットを設置する

(3) 足場の解体工事

重点実施項目	墜落・飛来落下災害の防止
作 業 状 況	① 足場を解体する作業 ② 解体した材料を足場上で運搬する作業 ③ 足場材料を卸す作業 ④ 地上にいて足場材を受け取る作業
予想される災害	① 足場の繋ぎが無くなり足場の倒壊のおそれがある ② 足場の布板に足を取られ身体のバランスを失う ③ 運搬や卸す時に材料が作業服に引っかかり一緒に墜落する ④ 材料を卸す時に荷が抜けて落下する
具 体 的 対 策	① 足場の組立等作業主任者を配置して指揮を執らせる ② 足場の解体に先立って窓等の開口部から繋ぎを取る ③ 水平小幅ネットや飛散防止ネットは足場と一緒に解体する ④ 水平親綱を設置して墜落制止用器具を使用する ⑤ 作業範囲は立入禁止のバリケードを設置する

(4) 高所作業車による作業工事

重点実施項目	墜落災害の防止　　　はさまれ災害の防止
作業状況	① 階高の高い工場内の梁の塗装作業なので高所作業車を使用 ② 地盤に凹凸があり、クローラー式を使用 ③ 中間階に鉄骨の梁があるため伸縮ブーム型を使用

| 予想される災害 | ① バケットに乗ったまま後方に移動する時、地盤に凹凸があり突然クローラーが上下して、梁に激突またははさまれる
② バケットに乗ったままブームを伸縮する時、中間にある梁にバケットやブームが当たり、突然の衝突で振り落とされる
③ バケットに乗って走行する時、梁等の作業空間に気を取られ、周囲で作業中の作業者と接触する |
| 具体的対策 | ① 作業床の最大高さが10m以上の高所作業車の運転の業務には技能講習修了者、10m未満の場合には特別教育修了者を就かせる
② 作業計画を定めこれを関係作業者に周知するとともに、作業指揮者を配置する
③ 運転者と一定の合図を定め、指揮者の誘導の合図のもとに操作を行わせること
④ バケットに搭乗後、すぐに墜落制止用器具を使用させる |

(5) 引き込み線の接続作業

重点実施項目	感電災害の防止
作 業 状 況	① 8月下旬の暑い日で湿度が高く汗が作業服に染み込んでいる ② 引き込み線は低圧本線100Vで活線作業 ③ 本線の被膜を取り除き露出させて接続し、絶縁テープを巻きつける作業
	 低圧本線(100V)　引込線
予想される災害	① 湿潤した作業服がむき出しの電線部に接触する ② 絶縁用保護具が損傷している時は感電する ③ 不安定な姿勢で感電によるショックから足を踏み外す ④ 工具等を落下させる
具 体 的 対 策	① 活線作業は極力行わないこと ② 発汗等で作業服がぬれた場合には交換する。また必要な保護具等を必ず使用すること ③ 感電防止用保護帽、ゴム製絶縁用手袋、絶縁用長靴、絶縁着等は損傷等のない十分な絶縁性のあるものを着用する ④ 絶縁用保護具等は作業開始前に点検する

作業指示書の例

作業・安全指示書・就労日報

作業指示日　年　月　日
作業日　　　年　月　日

作業所

現場事務所

N

協力会社名	受領者	作業内容	予定人員	実施人員	所定外時間	安全指示事項	確認
計			人	人	H		

延労働者数			労働延時間	
	従業員	従業員	計	
当日	人	人	人	H
累計	人	人	人	H

指示・留意事項

点検指示事項

是正処置状況　　確認日　担当　確認者

安全衛生点検記録

車両系建設機械作業計画書の例

（ブルドーザ、ドラグショベル、ブレーカ、杭打、抜機、コンクリートポンプ車、ローラー等）　　　　　年　　月　　日

工事名称						
事業者				作成者		
使用機械	種　類	ドラグショベル		ダンプトラック		
	性　能	0.7m³ 積		10t　積		
	台　数	1		10		
使用目的	掘削					
人員配置	作業指揮者			作業主任者		
使用期間	年　　月　　日 ～　　　　年　　月　　日 迄					
使用場所	地　形	平坦で、安定している。（地盤改良済み）				
	地　質	砂質土と粘土の互層である。（N＝10以上）				
運行経路	制限速度	場内ダンプトラック　10km/h以下とする。				
作業範囲	運行経路	ゲート→待機場所→転回地―誘導員→積込箇所→退場				
		路肩の崩壊防止措置	路肩付近への立入禁止措置 （バリケード カラーコーン）			
		地盤の不等沈下防止措置	ダンプ運行経路の地盤が軟弱な場合は敷鉄板で養生する。			
	作業範囲	路肩の傾斜地作業	該当なし			
		労働者の接触防止措置	ダンプ運行経路はカラーコーンにて明示し、ドラグショベルの旋回半径内は立入禁止措置を行う。			
		建設機械と労働者の通行区分措置	安全通路を確保し、バリケード、カラーコーン等で明示する。			
作業方法	機械の種類に適した作業方法になっていること	---				
	作業場所の地形、地盤に適した作業方法になっていること	埋設物なし --------------------------------- 試掘済み　（GL-4.0m）				
留意事項	・過積載にならないように、10tダンプのゲージで確認する。 ・ダンプのバック時は、誘導員を配置する。 ・梯子は頭部を60cm以上突出させ固定する。			指揮命令系統	元方事業者　（　　　） 地山掘削 作業主任者　（　　　） 作業員・運転手（　　　）	

配置図（作業場所全体を示す平面図。必要に応じて側面図）　　　面積≒700m²

〔図示する事項〕　　　　　　　　　　　　　　　　掘削深さ　GL－1.40m　掘削土量＝980m³

工作物、機械の配置、運行経路（幅員、ガードレール、標識）、作業範囲（誘導者、ガードレール、標識）、

危険箇所立入禁止、安全通路の位置および作業方法（順序・旋回方法）を記入

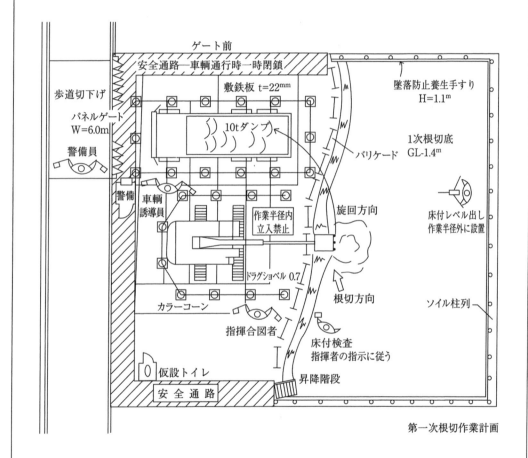

第一次根切作業計画

安全確認	誘導員名					
重機持込業者名			オペレータ署名			
元請確認	統括安全衛生責任者	元方安全衛生管理者	協力会社名	安全衛生責任者	作業主任者	職長
			○○××（株）			

移動式クレーン作業計画書の例

年　　月　　日

工事名称				
事業者			作成者	
作業内容	H型鋼の吊込みと建込み			

	使用業者	作業場所	作業内容及び作業時間	吊荷重量×作業半径
1		場内作業	H型鋼の建込	3.6t×22m
2				

	作業指揮者	玉掛者・合図者			打合者サイン
		位　置	合　図	玉　掛	
1					
2					

安全指示・指導事項

・H型鋼を吊込む時は、クレーンの主巻、補巻を使用し、芯材の荷ぶれを防ぐ。

・主巻の芯材吊込用玉掛けワイヤーは、2本とする。

作業場所	広　さ	⦅広い⦆・狭い（　　　m×　　　m）		地　質	
	地　形	⦅平坦⦆・勾配（　　度）　法肩据付　有・⦅無⦆　その他（　　　　　）			
	障害物				
使用クレーン	種　類	（50）t吊り　クローラー　クレーン			
	障害物	ブーム長33.68m			
作業方法	吊荷	名称・形状・寸法	H-440×300×18　　121kg/m　　L=22.5m		
		重量・員数	（2.8t）/個当り（　　）/1日当り　最大荷重（3.6 t）		
	定格荷重（アウトリガー最大張出）		最大作業半径（22 m）吊角度（50 度）定格荷重（4.0 t）		
	玉掛	玉掛ワイヤーロープ等	ワイヤーロープ（20 mm）繊維ベルト　その他（　　　）		
		玉掛方法	（1点吊り）（1本は予備として玉掛する）		
	合図方法　⦅手⦆旗　笛　無線　その他（　　　　　）				
	移動式クレーンの移動範囲　旋回方向　荷の積卸し位置				
設置個所の養生方法	敷鉄板　敷板　敷角　⦅要⦆・不要		水平架台・サンダル		要・⦅不要⦆
	上部旋回体範囲内立入禁止措置　　　バリケード・その他（　　　）				
	クローラクレーン移動範囲内立入禁止措置 ⦅バリケード⦆・その他（　　　）カラーコーン、コーンバー				
	法肩崩壊防止	該当なし			
	地下埋設物防護	〃			
	監視人	要・⦅不要⦆			
	厳守事項				
	・クローラークレーン移動時は、誘導員を配置する				
	・クローラークレーンの据付は、先行溝掘箇所を避ける				
留意事項	・クレーンのブームの下への立入禁止は、作業指揮者の監視とする。		指揮命令系統	元請代理人（　　　　）	
				├（　　　　）	
				作業指揮者（　　　　）	
				作業員全員（　　　　）	

配置図 （作業場所全体を示す平面図。必要に応じて側面図）

〔図示する事項〕

工作物、隣接する建物、道路等、移動式クレーンの配置、移動式クレーンの移動範囲・旋回方法、荷の積卸し位置

障害物（架空線等）、敷鉄板等、合図者、監視人、立入禁止範囲、安全通路の位置等を記入

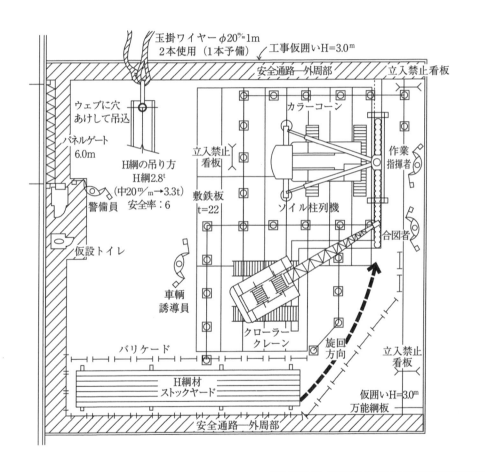

安全確認	誘導員名					
クレーン持込業者名				オペレータ署名		
元請確認	統括安全衛生責任者	元方安全衛生管理者	協力会社名 ○○××（株）	安全衛生責任者	作業主任者	職長

6-5 危険予知訓練モデルシート

〈どんな危険がひそんでいるか〉

KYT基礎4R
サンドペーパーがけ

状　況
　あなたは、外部非常階段の扉の部分塗装を行うためサンドペーパーがけをしている。

> ※ここに掲載している基礎4ラウンド法以外にも、「作業指示者レベルのKYT」、「少人数チームレベルの
> 　KYT」、「1人レベルのKYT」、「ミーティングKYT」、「交通KYT」、「現場の実践KYT」などがある。

危険予知訓練レポート（例）

シートNo.サンドペーパーがけ	とき　．．	ところ	

チームNo.サブチーム	チーム・ニックネーム	リーダー	書記	レポート係	発表者	コメント係	その他のメンバー
一							

第1ラウンド〈どんな危険がひそんでいるか〉潜在危険を発見・予知し、"危険要因"とそれによって引き起こされる"現象"を想定する。
第2ラウンド〈これが危険のポイントだ〉発見した危険のうち、「重要危険」に○印。さらにしぼり込んで、特に重要と思われる"危険のポイント"に◎印。

"危険要因"と"現象（事故の型）"を想定して［〜なので〜して〜になる］というように書く。

① 扉を半開きにしてペーパーがけしている時、風にあおられて扉が閉まり、押さえている左手をはさまれる

② 踏み台が手すりに近く、腰の位置が高いので、降りようとしてよろけた時、手すりを越えておちる

3 扉を半開きにしてペーパーがけしている時、風にあおられ扉が動き、踏み台がぐらついて踏み外してころぶ

4 ペーパーがけしながら、足の位置を変えようとして、踏み台を踏み外してころぶ

⑤ 扉を閉めてペーパーがけしている時、内側から扉を押し開けられて、ころぶ

⑥ 顔を近づけてペーパーがけしているので、風で粉が飛び散り、目に入る

⑦ 後向きで踏み台から降りたとき、そばにある塗料缶をけとばし、下の人に当たる

8

9

第3ラウンド〈あなたならどうする〉"危険のポイント"◎印項目を解決するための「具体的で実行可能な対策」を考える。
第4ラウンド〈私達はこうする〉"重点実施項目"をしぼり込み※印。さらにそれを実践するための"チーム行動目標"を設定する。

◎印No.	※印	具体策	◎印No.	※印	具体策
2	※	1　踏み台を壁側に寄せる	6		1　ゴーグル着用
		2　踏み台を開いた扉の内側に置く		※	2　風上で作業する
		3　墜落制止用器具着用			3　顔を遠ざけ、眼の位置より下でかける
		4			4
		5			5

チーム行動目標 〜する時は〜して 〜しようヨシ！	踏み台を使う時は、 　　　踏み台を壁側に寄せて置こう　ヨシ！	チーム行動目標 〜する時は〜して 〜しようヨシ！	ペーパーがけをする時は、 　　　風上に立って行おう　ヨシ！
指差し呼称項目	踏み台位置　壁側　ヨシ！	指差し呼称項目	立ち位置　風上　ヨシ！

上司（コーディネーター）コメント

6-6 交通労働災害防止のためのガイドライン

　労働災害による死亡者数が事故の型別で3番目に多い「交通事故」（全産業、令和3年。最も多いのは墜落・転落）に関して、厚生労働省が策定した「交通労働災害防止のためのガイドライン」（平成20年4月策定、平成30年6月改正）で定められた事業者の責務の概要は、次のとおりである。

(1)　交通労働災害防止のための管理体制等
　①　安全管理者、運行管理者、安全運転管理者等、交通労働災害防止に関係する管理者を選任し、役割、責任、権限を定め、教育を実施し、労働者へ周知すること。
　②　安全衛生方針を表明し、交通労働災害防止に関する事項を含む安全衛生目標を設定すること。目標達成のため、労働時間の管理、教育の実施、意識の高揚、健康管理等を含む安全衛生計画を作成し、実施、評価・改善すること。
　③　安全委員会等で交通労働災害の防止について調査審議すること。

(2)　適正な労働時間の管理、走行管理等
　①　疲労による交通労働災害を防止するため、改善基準告示（「自動車運転者の労働時間等の改善のための基準」（平成元年労働省告示第7号））等を遵守し、適正な走行計画の作成等により、労働時間の管理、走行管理を行うこと。
　②　次の事項を記載した走行計画を作成し、運転業務従事者に指示をすること。
　　・走行経路、経過地の出発・到着の日時の目安、拘束時間・運転時間・休憩時間
　　・走行に際し注意を要する箇所
　　・荷役作業がある場合の内容と所要時間
　③　乗務を開始させる前に点呼等によって、疾病、疲労、睡眠不足、飲酒等で安全な運転ができないおそれがないか、報告を求め、結果を記録すること。
　④　睡眠不足や体調不良等で正常な運転が困難と認められる者については、運転業務に就かせない等、必要な対策を取ること。
　⑤　事前に荷役作業の有無、運搬物の重量等を確認し、運転者の疲労に配慮した十分な休憩時間を確保すること。
　⑥　適切な荷役用具・設備の車両への備え付け等により、運転者の身体負荷を減少させること。

⑦　荷を積載するときは、最大積載量を超えず、偏荷重が生じないようにすること。

(3) 教育の実施等
①　雇入時教育、作業内容変更時教育で、安全運転の知識、交通法規等の遵守、睡眠時間の確保、飲酒による運転への影響、体調の維持の必要性等を含む教育を行うこと。必要に応じて、経験が豊富な運転者が添乗し、実地指導を行うこと。
②　交通事故発生情報、ヒヤリ・ハット事例、交通安全情報マップ等による知識の付与を日常的に行うこと。
③　イラストシート、写真等を用いて、潜在的危険性を予知し、防止対策を立てさせることにより、安全を確保する能力を身につけさせる交通危険予知訓練の継続的実施が望ましいこと。
④　認定試験合格者等に運転業務を認める運転者認定制度の導入が望ましいこと。
⑤　マイクロバス、ワゴン車等で労働者を送迎する場合は、十分技能がある運転者を指名すること。

(4) 交通労働災害防止に対する意識の高揚
①　ポスターの掲示、表彰制度等により、運転者の交通労働災害防止に対する意識の高揚を図ること。
②　交通事故発生情報、ヒヤリ・ハット事例等に基づき危険な箇所、注意事項等を示した交通安全情報マップを作成し、配布・掲示等をすること。

(5) 健康管理
①　運転者に対し健康診断を確実に実施し、保健指導等を行うこと。所見が認められた運転者には、適切な対応をすること。
②　長時間にわたる時間外・休日労働を行った運転者に対しては、面接指導等を行うとともに、労働時間の短縮等の適切な措置を講じること。
③　運転者に対して、ストレッチング等で運転時の疲労回復に努めるよう指導すること。

(6) その他
①　異常気象等の場合は、走行の中止や一時待機等、適切な指示をすること。
②　走行前に自動車の点検をし、異常箇所は直ちに補修等をすること。

6-7 インターネットによる情報取得

　次のような、中央労働災害防止協会、行政機関等のホームページにより、最新の法令・通達、労働災害発生状況、労働災害防止に関連する情報等を見ることができるので、活用するとよい。

　◎中央労働災害防止協会

　　　https://www.jisha.or.jp/

　◎安全衛生情報センター

　　　https://www.jaish.gr.jp/

　◎厚生労働省

　　　https://www.mhlw.go.jp/

　◎厚生労働省「職場のあんぜんサイト」

　　　https://anzeninfo.mhlw.go.jp/

6-8 事例研究

1 移動式クレーンによる3階建て鉄骨組立作業における安全衛生責任者の連絡・調整業務

安全衛生責任者の主要な業務として、関係者に対する連絡・調整業務がある。

建設現場に移動式クレーンを持ち込み、鉄骨組立作業をする場合、鉄骨組立会社の安全衛生責任者は、どのような連絡・調整を統括安全衛生責任者および他の事業者の安全衛生責任者に行わなければならないかを検討する。

2 検討内容

イーグル建設(株)は、特定元方事業者であるタイガー(株)より、3階建ての鉄骨組立工事およびそれに関連する足場組立関係の鳶工事を請け負う一次請負事業者である。

イーグル建設(株)は、自らも仕事をしているが、仕事の一部（移動式クレーン関係）をチューリップクレーン(株)に請け負わせている。また、同じ一次請負事業者であるドラゴン(株)は、鉄骨の加工・運搬と現場におけるボルト締め、溶接の作業をタイガー(株)より請け負っている（図）。

(1) 検討事項

イーグル建設(株)の安全衛生責任者Aさんは、

① タイガー(株)の統括安全衛生責任者Xさんに対して、

② 自社が発注した、後次の請負事業者であるチューリップクレーン(株)の安全衛生責任者Yさんに対して、

③ 自社と同じ一次請負事業者であるドラゴン(株)の安全衛生責任者Zさんに対して、どのような連絡・調整業務を果たすべきか検討して下さい。

(2) 請負関係

鉄骨の組立作業は、本日より開始です。Aさん、Yさん、Zさんの会社の労働者にとっては、現場初日となります。統括安全衛生責任者のXさんは、2週間前から常駐しています。

※事例研究の初日および2日目に具体的に想定される作業を分かりやすく107、108ページに掲載してあります。

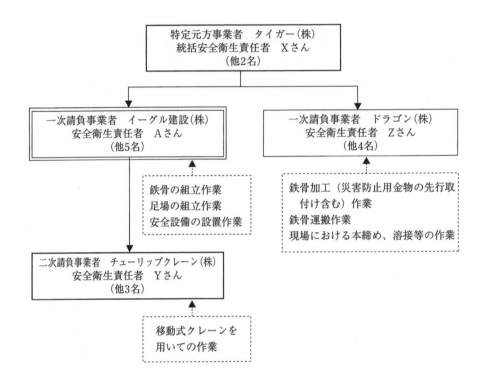

図　当日の作業配置と請負作業範囲

(1) 1日目　鉄骨建て方工事（高さが5m以上）

重 点 実 施 項 目	移動式クレーンによる災害の防止
作 業 状 況	①　鉄骨の柱、梁の選別作業 ②　鉄骨柱および梁の取付け作業 ③　吊り足場およびネット取付の段取り

予想される災害	①　吊っている梁が落下する ②　移動式クレーンが転倒する ③　移動式クレーンが旋回する時、はさまれる ④　建て方中の鉄骨が倒壊する ⑤　ボルト、工具等が落下する
具 体 的 対 策	①　鉄骨組立作業主任者を配置して指揮を執らせる ②　水平親鋼を設置し、墜落制止用器具を使用する ③　柱に昇降用のタラップを取り付け、垂直親鋼を設置する ④　立入禁止を示すバリケードを設置 ⑤　作業直下では人払いを行う ⑥　倒壊防止のワイヤーを張る

(2) 2日目　鉄骨建て方工事（高さが5m以上）

重点実施項目	墜落災害の防止　　　飛来災害の防止
作 業 状 況	① 吊り足場およびネット取付け作業 ② 鉄骨の建て入り検査作業 ③ 鉄骨の柱および梁の取付け作業
予想される災害	① 作業者が梁の上から墜落する ② 墜落制止用器具の取る位置が低いので、2m以上墜落する ③ 柱の昇降時に墜落する ④ 道具や小物類が落下する
具 体 的 対 策	① 最上部は柱頭に支柱を立てて水平親綱を設置する ② 各階梁上の1.2mの高さに水平親綱を設置する ③ 柱に昇降用タラップを取り付け、柱昇降タラップには、垂直親綱を設置する ④ 各階の梁下に墜落対策用の水平ネットを張る ⑤ 道具類はセーフティーコードで緊結する

移動式クレーン作業計画書の例　　　　　　　　　　年　月　日

工事名称				事業者	
元請事業者				作成者	
作業内容	鉄骨組立て(3階建て　高さ12m)				

クレーン持込業者	作業場所	作業内容および作業時間	吊荷重量×作業半径
	場内作業(三方木造の隣家)	鉄骨の荷卸および組立て	柱:4.5t×9.8m(定格荷重の65%)
	架空線は防護措置済み	荷卸時間7:00〜組立て終了時間17:00	梁:4.1t×13.5m(定格荷重の50%)

作業主任者 (作業指揮者)	玉掛者・合図者			打合者確認	元請負人	
	位置	合図者	玉掛者			
技能講習修了者	クレーン運転士が最も見易い場所		技能講習修了者		下請負人	

安全指示・指導事項　　①アウトリガーが敷鉄板の継ぎめにかかるときは、上に補助鉄板を置くこと

②柱は転倒防止ワイヤーを張ってから、玉掛ワイヤーを外すこと及び玉掛ワイヤーは予備ワイヤーを取り付けること

③作業開始前に組立て順序の確認を全員で行うこと　　④主ブームを使用すること

作業場所	広　さ	敷地は広いが周辺は余裕がない	地　質	整地の上に敷鉄板
	地　形	(平坦)・勾配(　　度)　法肩据付　有・無　その他(　　　)		
	障害物	隣家および歩道側にはブームを旋回してはならない		

使用クレーン	種　類	(定格荷重　25　)t 吊り　　　　　　クレーン(ラフター型)
	障害物	主ブーム最大長さ30.6m

作業方法	吊　荷	名称・形状・寸法	柱:ボックス0.4×0.6　12.0m　梁H型0.6×0.3　12.0m
		重量・員数	柱:4本　大梁:18本　小梁:18本　合計40ピース
	定格荷重(アウトリガー最大張出)6.3m		最大作業半径(28.0m)定格荷重(0.95t)
	玉　掛	玉掛ワイヤーロープ等	ワイヤーロープ(16および12mm)　繊維ベルト　その他(　　)
		玉掛方法	柱は1点吊りで予備ワイヤーを取る、梁は2点吊り専用クランプ
	合図方法　(手)　旗　笛　(無線)　その他(　　　)		
	移動式クレーンの移動範囲　　旋回方向　　荷の積卸し位置(全て図示による事)		

設置個所の養生方法	敷鉄板　補助敷板　敷角　(要)・不要　　水平架台・サンダル　(要)・不要
	旋回体範囲内立入禁止措置　　　　バリケード・その他(立入禁止表示を行う事)
	クレーン移動範囲内立入禁止措置　　バリケード・その他(作業指揮者の誘導に従う)
	法肩等崩壊防止　該当なし(地下構築物はない、基礎のみである。)
	地下埋設物防護　該当なし
	監視人　(要)・　不要　(車両誘導員および警備員を配置する)
	厳守事項
	①鉄骨建て方事前打合せ会の遵守事項をTBMで確認すること
	②荷卸した鉄骨梁は、転倒防止を図ること

留意事項	①ブーム下への立入禁止は作業主任者が監視する	指揮命令系統	①元請代理人
	②外周手摺は梁に先行取付をすること		②元請担当者
	③柱にはタラップ、安全ブロック、転倒防止ワイヤー		③作業主任者
	④梁には、親綱、中間支柱、ネット取付用フック		④クレーン運転士
	を先行して取り付けること		⑤作業者全員

—資　料—

配置図 （作業場所全体を示す平面図、必要に応じ側面図）

（図示する事項）

工作物、隣接する建物、道路等、移動式クレーンの位置、移動式クレーンの移動範囲、旋回方法、荷の積み降ろし位置
障害物（架空線等）敷鉄板等、合図者、監視者、立入禁止範囲、安全通路の位置を記入

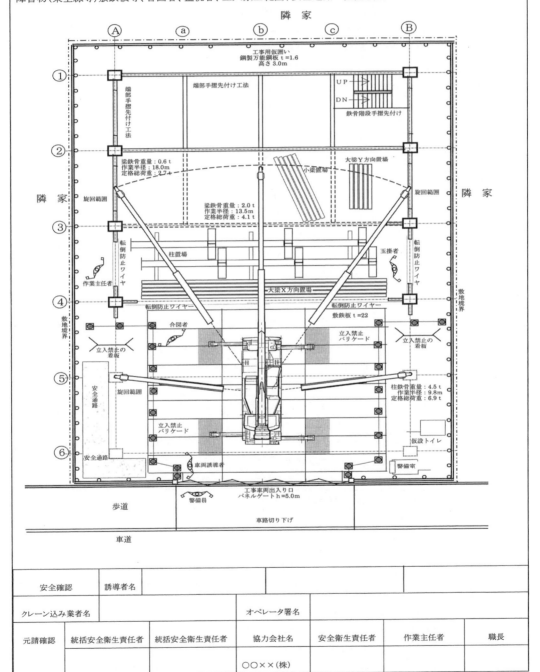

安全確認	誘導者名						
クレーン込み業者名				オペレータ署名			
元請確認	統括安全衛生責任者	統括安全衛生責任者	協力会社名	安全衛生責任者	作業主任者	職長
			○○××（株）			

110

鉄骨の組立作業手順書（例）　（鉄骨の組立て等作業主任者が作成した作業手順書）

作 業 名	鉄骨の組立作業		工事名称		作業所
作業概要			使用材料	鉄骨一式、足場材一式、タラップ、敷板、バリケード、各種ワイヤー	
地下なし、地上3階、高さ12mの建築物の鉄骨の組立作業。建て方順序は、道路から最も遠い部分から建て始め、ブロック毎に固めて、入り口方向に逃げていく屏風建併用工法。			使用機械	移動式クレーン25t	
			使用工具	ハンマー、メガネスパナ、ボルシン、布袋	
			保護具	墜落制止用器具、保護帽、安全靴、皮手袋、親綱、安全ブロック、ネット類	
作業期間	年　月　日〜　　年　月　日		資格、免許	クレーン運転士免許、鉄骨の組立等作業主任者、玉掛技能講習修了者、足場の組立等作業主任者	
作成者	作業主任者	承認	作業人員	6人	

作業区分	作 業 の 手 順	作 業 の 急 所	確認
準備作業	1、作業計画書および施工要領書を確認する	・元請の担当社員と打合せをする	
	2、作業前に各安全衛生責任者と打合せをする	・関係請負事業者の安全衛生責任者と施工所掌範囲について ・同上の作業計画に基づき作業方法等について	
	3、全員で安全ミーティングを行う	・鳶職、鍛冶職、オペレーター、警備員等全員を参加させて ・作業関係者全員の人員を確認して ・作業計画を具体的に説明、全員に周知して ・移動式クレーンによる作業方法について、周知して	
	4、事業者ごとにミーティングを実施する	・各人の健康状態を健康確認KYで ・作業者の分担を指示し、本日の作業手順を確認して	
	5、有資格者の確認をする	・移動式クレーン運転免許、鉄骨組立・足場の組立作業主任者 ・玉掛技能講習修了者について	
	6、作業グループ別に服装、保護具を点検する	・所定の服装、保護帽、安全靴、墜落制止用器具、皮手袋等について ・使用する各自工具、工具袋の落下防止ロープについて	
	7、現地でKYMを実施する	・現況を見て全員が発言し、KYボードに記入して ・状況を見て指差呼称を全員で	
	8、機械・工具の点検をする	・移動式クレーンの使用前点検を行い、記録を提出し ・玉掛け用具、クランプ類、組立工具等の作業前の	
	9、災害防止材料の確認をする	・親綱、安全ブロック、ネット類、吊り足場・通路・昇降等の	
	10、材料の荷捌き場所を確認する	・鉄骨を仕分ける十分な広さについて ・現場取付用治具、敷き枕、やわら、転倒防止治具等について	
主体作業	段取り作業 1、作業の範囲外に安全通路を設置する	・バリケード等で隙間がないように区画、表示して	
	2、移動式クレーンの支持鉄板を敷く	・荷重と地耐力を計算して、十分な広さで平に ・アウトリガーを最大限に張り出せる範囲を確保するように ・作業範囲の人払いをして、監視人を指名して ・鉄板吊り用の玉掛ワイヤーを使用して	
	3、所定場所にクレーンを移動し、セットする	・オペレーターは誘導者の指示に従って ・周辺に作業員がいない事を確かめ ・周辺の架空線、近接する構築物等に注意して	
	4、クレーンの旋回範囲に立入禁止措置を行う	・バリケードで区画、表示して ・吊り荷の通過する旋回範囲内の人払いをして	
	5、役割分担に従って作業の配置に就く		

111

作業区分	作　業　の　手　順	作　業　の　急　所	確認
主体作業	**積荷を降ろす** 1、作業の範囲外に安全通路を設置する	・誘導者は定められた合図、トレーラーの後方横の位置で ・呼び笛と合図旗を使い、車止めを予め設置して置き	
	2、積荷のロープを解く	・荷台に残る鉄骨を固縛してから、クレーンに合図して ・運転士と荷の位置を確認、ゆっくり周囲を確認、旋回させて	
	3、玉掛ワイヤーを取り付ける	・二点でくくり吊り、ワイヤーが張るまで吊らせ ・介錯ロープをつけ、荷台を降りて固縛ロープを外して	
	4、鉄骨を降ろす	・荷を地切りし、バランスを確かめて ・介錯ロープを操作し、所定の場所に誘導して ・取付用治具または枕上に降ろし、転倒防止治具をあてがい	
	柱の建て方 5、アンカーボルトを確認する	・アンカーボルト用型板により柱脚鉄筋との隙間について ・ナットを外す時、締付けが十分行える隙間があるかについて ・ベース下モルタルの大きさ、強度は十分あるか	
	6、柱を仕分けして、取付け架台に乗せる	・取付け架台は十分に固定されているか確認して ・転倒防止ワイヤーレバーブロックを張って	
	7、足場等の仮設物を取り付ける	・ナットを締めて、建入りを見ながら転倒ワイヤーを張り ・安全ブロックのフックをハーネスのD環に掛け柱頭に昇り ・玉掛ワイヤーを僅かに緩め、エレクションピースを外し	
	8、柱を玉掛する	・柱頭のエレクションピースに玉掛用ピースを取付けて ・二点吊りにして、ピースに長シャックルを掛け ・介錯ロープをつけ、巻上げの合図を送り ・レバーブロックを緩めながら、ゆっくりと柱を起こして行き	
	9、柱を吊り込む	・柱を起こし、垂直になった時に巻上げを一時止め ・柱に取り付けた仮設物を整理して ・地切りさせ、安定をみて所定の位置に移動させ	
	10、柱を取り付ける	・ベースプレートの位置まで移動させ、一旦止めて ・柱脚鉄筋の高さで止め、方向性を確認して ・左右で軽く押しながらアンカーボルトの位置に静かに降ろし ・アンカーボルトの天端で一旦止め、孔明け位置を合わせて降ろし	
	11、転倒防止ワイヤーを張る	・ナットを締めて、建入りを見ながら転倒ワイヤーを張り ・墜落制止用器具フックをブロックのフックに掛け柱頭に昇り ・玉掛ワイヤーを僅かに緩め、エレクションピースを外し	
	梁の取付け 12、荷台より降ろして仕分ける	・2、の要領で、上段から複数の梁を玉掛して ・所定の位置で降ろし、枕上で両端、左右をサポートして ・必要な梁の左右をてこで開き角材を入れて転倒防止を図り ・2点吊り玉掛ワイヤーのレンフロークランプを掛け	
	13、仮設物を取り付ける	・取出した梁を建て方の順序に並べ単管パイプでつなぐ ・水平ネット取付用のフッククランプを下端フランジに取り付けて	

作業区分	作 業 の 手 順	作 業 の 急 所	確認
主体作業	14、フランジ、ウェッブプレートをセットする	・上フランジカバープレートの下プレートを広げておき ・下フランジカバープレートも廻し取付けできるようにセットして ・ウエッブプレートも廻し取付けができるようにセットして ・両端部に所定数の仮ボルトを袋に入れて梁に付け ・玉掛ワイヤーのクランプを左右2箇所に取り付け	
	15、梁を吊り込む	・介錯ロープをつけて、合図を送り ・地切りして一時止めて、落下物がないか確認して	
	16、左右の梁の取付位置で構える	・左右から安全ブロックに墜落制止用器具を掛けて上り ・所定の梁の位置で親綱取付フックに墜落制止用器具フックを付け替え ・梁のブラケットに馬乗りになって	
	17、梁を取り付ける	・梁を所定の場所まで移動し、介錯ロープを掴み ・下フランジが梁ブラケットの高さ迄下げた時、一旦止めて ・メガネピンを差込み操作しながらゆっくりと降ろして ・所定の高さで止めボルト孔にメガネピンを合わせて ・メタルにタッチしたら止め、メガネピンで孔合わせをして	
	18、仮ボルトで締める	・仮ボルトを3分の1以上入れ ・ウエッブプレートを所定の位置に回転してボルトを入れ	
	19、水平親綱を張る	・梁上の親綱ロープを柱の親綱用フックに取り付け ・墜落制止用器具のフックを親綱に掛け替えて	
	20、玉掛ワイヤーを取り外す	・玉掛ワイヤーを緩め、ボルトの締りを見て ・玉掛ワイヤークランプの位置まで馬乗りの姿勢で進み ・玉掛ワイヤーに介錯ロープ、ボルト袋をつけ合図を送り	
	21、建方したブロック毎に水平ネットを貼る	・ブロックの二階梁を取り付け、一旦建て方を中止して ・梁下に水平ネットを貼り、4周をフックに掛け	
	歪み取りと本締め 22、節間の梁を取り付ける 23、昇降階段を設置する 24、安全通路を設置して行く 25、資材ステージを設置する 26、水平ネットを張る 27、垂直ネットを張る 28、吊り足場、パイハンガー足場を掛ける 29、歪み直しをする 30、垂直と通りを検査してアンカーボルトを締める 31、柱脚のベース下端にコンクリートを充填する 32、梁の本締めボルトを全数取り付ける 33、歪みワイヤーとパイハンガーを取り外す		
後片付け作業	34、クレーンを休止の所定姿にして施錠する 35、仮置き場内の資機材を整理整頓する 36、最小限の立入禁止範囲にバリケードを設置する 37、工具をまとめ工具ボックスに入れ施錠する 38、全員で清掃して、終礼を行う		

イーグル建設（株）の安全衛生責任者Ａさんが行うべき連絡・調整業務（例）

	前日までに行う連絡・調整事項	作業当日に行う連絡・調整事項
タイガー㈱のＸさんに対し	①　自社の安全衛生計画を提出し、元方事業者が作成した安全計画との整合性を図る ②　安全施工サイクル活動の内容について、安全衛生打合せ会で確認する ③　移動式クレーンを使用する作業手順書を提出する ④　鉄骨組立の作業計画書を提出する ⑤　移動式クレーンの設置箇所における地盤の強度及び埋設物の確認をする ⑥　作業に従事する作業者の名簿を含む労務安全衛生関係及び施工体制台帳等の書類を提出する ⑦　作業に従事する作業者の免許・有資格者証等のコピーを提出する	1.　作業開始前 　①　持込機械等使用届を提出する（移動式クレーン、電動工具等） 　②　移動式クレーンの検査証、年次・月例検査（点検）のコピーを提出する 　③　移動式クレーンの作業前点検の結果を報告する 　④　玉掛用具等の作業前点検の結果を報告する 　⑤　作業に従事する作業者の氏名、人数等を報告する 　⑥　新規入場者教育の実施結果を報告する 2.　作業中 　①　予定作業の進捗状況を報告する 　②　安全対策の変更が必要な場合は、すぐ協議する 　③　工程打合せ会に出席し、翌日の作業の打合せを行う 　④　安全パトロールの結果について報告する 　⑤　安全提案があれば提案する 　⑥　翌日の作業内容、人員配置等を確認する 3.　作業終了後 　①　作業終了の報告を行う
チューリップクレーン㈱のＹさんに対し	①　現場での安全計画を提出させ、災害防止対策の実施者及び安全経費を含めて整合性を図る ②　移動式クレーンの持込機械使用届を提出させる ③　移動式クレーンの検査証、年次・月例検査（点検）のコピーを提出させる ④　作業に当たっては下記事項を書面により通知し、作業計画を説明する 　・作業の内容　・指揮の系統　・連絡合図の方法 　・その他災害防止に必要な事項 ⑤　移動式クレーンを用いる場合の作業手順書を作成させ提出を求める ⑥　作業員名簿、作業員の有資格者の配置と資格証を提出させる ⑦　安全施工サイクル、KY活動について指導する ⑧　安全衛生協議会へ、参加を呼びかける	1.　作業開始前 　①　前日の工程打合せ結果による、作業指示書を説明する 　②　作業者に指揮命令系統、安全ミーティングの実施を指示確認する 　③　作業開始前点検を指示し、確認する 　④　資格必要業務については資格証を確認し、資格証を携帯させる 　⑤　持込機械使用許可のステッカーは、見やすい所に掲示させる 　⑥　移動式クレーンの定格荷重表の表示を見やすい所に掲示させる 　⑦　連絡合図の方法を作業員全員に確認（手信号とワイヤレスマイク）する 　⑧　アウトリガーは、最大限張り出すよう指示する 2.　作業中 　①　工程打合せ会に出席させ、翌日の作業の打合せを行う 　②　翌日の作業内容、人員配置等を確認する 　③　鉄骨組立作業主任者が作業指揮をとりやすいよう環境を整える 3.　作業終了後 　①　作業終了の連絡を受け、必要な事項は記録する

	前日までに行う連絡・調整事項	作業当日に行う連絡・調整事項
ド ラ ゴ ン ㈱ の Z さ ん に 対 し	① 統括安全衛生責任者と共に、現場安全計画、鉄骨組立・足場組立作業計画書を確認する ② 作業の進捗状況について協議する ③ 鉄骨組立作業主任者が作業指揮をとりやすいような環境を整える ④ 鉄骨の組立順序と、搬入トレーラーの積み込み順序等を確認する ⑤ 安全対策用資材、組立用資材、治工具の分担を確認する ⑥ 天候及び作業環境の変化に伴う、作業変更の基準を確認する	1. 作業開始前 ① 関係作業者全員に移動式クレーンによる作業方法等を周知する ・作業の方法 ・作業者の配置と指揮の系統 ・連絡合図の方法と玉掛の方法 ② 吊り荷の下およびクレーンの旋回範囲内には立入禁止とすることを確認する ③ 天候の悪化（強風、降雨時等）時の作業の中止について協議する ④ 鉄骨を荷台から降ろす時は、残る鉄骨の荷崩れ防止対策を確認する ⑤ 工具、ボルト袋等を高所で使用する場合は、ロープ等で落下防止を図ることを確認する 2. 作業中 ① 工程打合せ会等で、翌日の作業の打合せを行う ② 翌日の作業内容、人員配置等を確認する 3. 作業終了後 ① 作業終了の連絡を行うとともに、必要な事項を記録する

※14～19ページおよび26～32ページを参考にして下さい

安全衛生責任者の実務必携

平成14年10月 4 日　第 1 版第 1 刷発行

平成15年10月 1 日　第 2 版第 1 刷発行

平成19年 7 月20日　第 3 版第 1 刷発行

平成29年 2 月28日　第 4 版第 1 刷発行

令和 4 年 7 月29日　第 5 版第 1 刷発行

令和 6 年 7 月31日　　　　第 8 刷発行

編　　　者　中央労働災害防止協会

発 行 者　平山　剛

発 行 所　中央労働災害防止協会

〒108-0023

東京都港区芝浦 3 丁目17番12号

吾妻ビル 9 階

電　話　販売　03（3452）6401

編集　03（3452）6209

印刷·製本　株式会社アイネット